**Abenteuer
Innovation**

Manfred Cassens
Wolfram Meyer

Abenteuer
Innovation

**Von der zündenden Idee
zum erfolgreichen Produkt**

Hinweis

Trotz Bemühungen, dieses Buch so aktuell wie möglich zu halten, können wir nicht garantieren, dass alle Informationen auf dem aktuellsten Stand sind. Ebenso wenig können wir garantieren, dass die gemachten Angaben vollständig sind. Daher sind alle Angaben ohne Gewähr. Sämtliche Angaben entsprechen dem Stand im Juli 2010.

1. Auflage 2010

© Eichborn AG, Frankfurt am Main, Oktober 2010
Umschlaggestaltung: Christina Hucke
Lektorat: Thorsten Schulte
Redaktion: Michael Schickerling, München, und Desirée Šimeg, Augsburg
Ausstattung, Typografie: Susanne Reeh
Satz: Greiner & Reichel, Köln
Druck und Bindung: Fuldaer Verlagsanstalt, Fulda
ISBN 978-3-8218-5724-4

Mix
Produktgruppe aus vorbildlich bewirtschafteten
Wäldern, kontrollierten Herkünften und
Recyclingholz oder -fasern
www.fsc.org Zert.-Nr. SCS-COC-001554
© 1996 Forest Stewardship Council

Eichborn Verlag, Kaiserstraße 66, 60329 Frankfurt am Main
Mehr Informationen zu Büchern und Hörbüchern aus dem Eichborn Verlag finden Sie unter www.eichborn.de

Inhalt

Vorwort

Sehr geehrte Leserinnen und Leser,

Sie haben eine spannende Idee und wollen sich nun im bildlichen Sinne auf eine Reise machen, welche wir *Abenteuer Innovation* genannt haben. Dazu brauchen Sie Mut, Ausdauer, Inspiration, Kreativität und vor allem eines: eine zündende Idee.

Zu Ihrem Entschluss möchten wir Ihnen bereits jetzt herzlich gratulieren.

Europa ist als Wirtschaftsstandort abhängig von Menschen, die die oben genannten Eigenschaften in sich vereinen. Deshalb benötigen gerade wir Europäer kleine und mittelständische Unternehmen, die eine hohe Dynamik aufweisen. Dies gilt insbesondere im Innovationsbereich. Sie sind es, die den Wirtschaftsstandort Europa beleben, Arbeitsplätze sichern und immer wieder neue schaffen.

Der Weg von der zündenden Idee bis zu einer Innovation, die tatsächlich auch den Sprung auf den Markt schafft, ist mitunter beschwerlich. Durch sorgfältig ausgewählte, reale Beispiele und viele Tipps hoffen wir, Ihnen einen praxisorientierten Routenplan an die Hand zu geben. Dieser wird Sie hoffentlich durch Ihr persönliches Abenteuer Innovation leiten.

Dr. Manfred Cassens   *Dr. Wolfram Meyer*
Reith b. Seefeld/Tirol   *Höhenkirchen-Siegertsbrunn*

Juli 2010

Vom Saatgut zum blühenden Unternehmen

Sie haben eine tolle Idee. Sie haben den Eindruck, dass Sie damit auch Geld verdienen können. Sie wollen sich auf das Abenteuer Innovation einlassen. Aber Sie sind nicht sicher, wie Sie sich am besten dafür rüsten? Dann sind Sie bei uns richtig.

Abenteuer Innovation bietet Antworten auf die Fragen,

— ob und wie Sie basierend auf einer zündenden Idee ein Unternehmen gründen können,
— wie Sie selbst ohne große Kosten ermitteln können, ob Ihre Idee tatsächlich neuartig ist und eine reale Chance besteht, Gewinne zu erwirtschaften,
— wie Sie bei der Erstellung eines Exposés und Businessplans vorgehen und was Sie dabei unbedingt beachten sollten,
— wie Sie Ihr geistiges Eigentum schützen können,
— wie Sie Wege finden, um Ihre Idee und somit Ihr Unternehmen mit dem notwendigen Startkapital auszustatten,
— wo Sie nach allgemeinen Informationen, Förderungen und weiteren Hilfestellungen suchen können.

Darüber hinaus zeigen wir Ihnen anhand mehrerer Best-Practice-Beispiele, was diejenigen besonders gut gemacht haben, die aus einer zündenden Idee ein erfolgreiches Unternehmen aufgebaut haben. Aber wir erzählen Ihnen auch von denjenigen, die fatale und vermeidbare Fehler begangen haben und ihr Unternehmen bald wieder aufgeben mussten. Das tun wir nicht, um Sie abzuschrecken. Im Gegenteil: Wir wollen Sie ermutigen, den ersten Schritt ins Abenteuer Innovation zu wagen.

Warum wir uns berufen fühlen, Sie auf Ihrem Weg zu unterstützen und dieses Buch zu schreiben? Nun, im Wesentlichen, weil wir genau wissen, was Sie gerade durchmachen. Manfred Cassens entwickelte über einen Zeitraum von mehr als fünf Jahren seine zündende Idee, verfeinerte sie so lange, bis ihm letztendlich finanzielle Mittel zur Realisierung anvertraut wurden. Der wohl schärfste Kritiker bei der Entwicklung dieses Großprojekts war Wolfram Meyer. Berater im privaten Umfeld zu haben, die Sie einerseits unterstützen, andererseits aber auch die Geradlinigkeit haben, auf kritische Punkte hinzuweisen, ist entscheidend für das Gelingen Ihres Abenteuers Innovation.

Wir haben festgestellt: Manche Projekte brauchen Zeit – und die Ideeninhaber brauchen einen langen Atem, vor allem in finanzieller Hinsicht. Sie werden erfahren, dass es Finanzierungsformen gibt, die speziell auf Innovationen ausgerichtet sind, die eine lange Entwicklungszeit haben. Nehmen Sie zum Beispiel die Pharmaindustrie: Bis zur endgültigen Zulassung eines neuen Medikaments können durchaus 15 Jahre vergehen. Da ist die Ausdauer eines Marathonläufers nötig. Natürlich gibt es auch die Sprinter unter den Produkt- und Dienstleistungsinnovationen. Bei Software-Entwicklungen beispielsweise zählt jeder Tag – je schneller das Produkt auf dem Markt ist, desto besser. Denn schon bald kann es technologisch veraltet sein, wenn die Entwicklung nicht schnell genug geht. Vom Startschuss bis zum Markteintritt vergehen bei dieser Art von Innovationen gerade einmal sechs Monate. Keine Sorge, auch hier gibt es passende Finanzierungsmöglichkeiten.

Wie würden Sie Ihre Idee einordnen: als Marathonläufer oder als Sprinter? Welcher Zeitraum ist in Ihrer Branche für eine Produktentwicklung üblich? Von Ihrer Antwort auf diese Frage hängt ab, wie schnell Sie das Vier-Phasen-Modell, das wir Ihnen gleich vorstellen, durchlaufen werden.

Hierzu noch ein paar Dinge vorweg:

— Alle Phasen sind mit Anglizismen bezeichnet. Diese Begriffe zu kennen und sie sicher anwenden zu können zeigt Ihren zukünftigen Gesprächspartnern, dass Sie sich mit der Materie befasst haben.
— In jeder der Phasen gibt es unterschiedliche staatliche Förderungen und Finanzierungen. Sie variieren in vielerlei Hinsicht, vor allem jedoch bei Höhe, Laufzeit und Einflussnahme der Kapitalgeber.
— Die Phasen sind nicht scharf voneinander zu trennen. Oft steckt die Entwicklung bereits in der Folgephase und die Finanzierung hinkt hinterher – oder umgekehrt. Doch zur Orientierung und zur Planung Ihres Gründungsvorhabens ist das Modell ein gutes Hilfsmittel.

Pre-Seed-Phase: Diese Phase wird auch als erster Teil der Vorgründung bezeichnet. Der englische Begriff »seed« (Saatgut) dient als Metapher. Wir nehmen dieses Bild gerne auf. Bevor Landwirte Saatgut in den Acker bringen, müssen viele Vorarbeiten geleistet werden: Der Boden muss gedüngt, gepflügt und mit einer Feinmaschine für die Einarbeitung der Saat vorbereitet werden. So ist es auch bei Ihrem Gründungsvorhaben. In der Pre-Seed-Phase sind Sie noch allein auf Ihrem Gründungsacker mit den Vorbereitungen für Ihre Unternehmensgründung beschäftigt. Wie viel Zeit Sie für diese Phase aufwenden können oder wollen, liegt allein bei Ihnen. Vor allem befassen Sie sich mit ausführlichen Recherchen zu Ihrer Idee: Ist die Idee wirklich neuartig? Gibt es in dem Bereich schon Patente? Wie können Sie Ihr geistiges Eigentum schützen?

Seed-Phase: Diese Phase ist der zweite Teil der Vorgründung. Bildlich gesprochen keimt Ihre Saat zu Beginn der Seed-Phase unterirdisch aus. An der Oberfläche ist noch nichts zu sehen. Am Ende dieses Entwicklungsschritts haben Sie die meisten Vorbereitungen für die Gründung Ihres Unternehmens getroffen. Vielleicht haben Sie auch schon Institutionen oder Personen gefunden, die Ihre Vorhaben unterstützen – finanziell wie fachlich. Als grobes Zeitraster: Viele Seed-Capital-Förderungen laufen über einen Zeitraum von 18 Monaten. In so kurzer Zeit von der Geschäftsidee bist zum ersten Prototyp zu kommen – das ist ziemlich sportlich.

Start-up- oder Early-Stage-Phase: In der Literatur taucht die Metapher mit dem Saatgut nicht mehr auf. Dabei passt sie in unseren Augen ganz gut: Ihre Saat ist aufgegangen, der Spross durchstößt den Boden. Hier bieten sich zwei Möglichkeiten: Entweder Sie hegen und pflegen Ihr junges Unternehmen selbst oder Sie verkaufen die Innovation. Die Start-up-Phase bedeutet für Jungunternehmer die Chance, meist auch die Notwendigkeit, neue finanzielle Mittel zu generieren. Auch hier der Blick auf das Zeitraster: Von Start-up-Unternehmen spricht man in der Regel, wenn diese nicht älter als drei Jahre sind. Diesen kritischen Zeitraum überstehen viele Unternehmen leider nicht. Die zarten Pflanzen gehen ein – vor allem, weil oft Finanzmittel fehlen oder sich die Weiterentwicklung der Innovation verzögert.

Later-Stage-Phase: Sie ist nicht zentraler Gegenstand dieses Buchs. Alle Unternehmen, die älter als drei Jahre sind, gehören in der Regel zu dieser Gruppe etablierter Unternehmen.

Das in Abbildung 1 dargestellte Modell werden wir Ihnen zur leichteren Orientierung jeweils auch in Kapitel 2 und 3 in Erinnerung bringen. Hinter dem Aspekt »Erfolgswahrscheinlichkeit« verbirgt sich folgendes: Untersuchungen[1] zeigen, dass die meisten Ideen in der Seed- und

---

1   Dowling, M. (2003): »Erfolgs- und Risikofaktoren bei Neugründungen«, in: Dowling, M./Drumm H.-J. (2003): *Gründungsmanagement. Vom erfolgreichen Unterneh-*

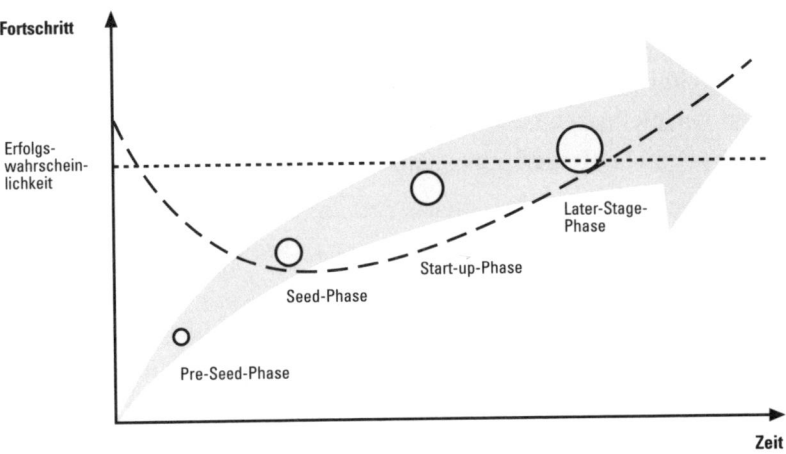

Abbildung 1: Phasen der Unternehmensentwicklung; die Erfolgswahrscheinlichkeit steigt, wenn ausreichend in die Pre-Seeds-Phase investiert wurde.

besonders während der Start-up-Phase scheitern. Jedoch nicht, weil die Idee nicht umsetzbar gewesen wäre, sondern weil nicht genügend in die Pre-Seed-Phase investiert worden ist.

Zum Aufbau des Buchs: In Kapitel 1 präsentieren wir Ihnen Praxisbeispiele, wie einige Gründer einerseits pfiffig und clever waren (Best Practice), andere hingegen in vermeidbare Fallen getappt sind und dadurch zu Bad-Practice-Beispielen wurden. Mit Kapitel 2 wenden wir uns vor allem der praxisnahen, notwendigen Recherche Ihrer Idee und den grundlegenden Fragen zu, die es in der Pre-Seed-Phase zu beantworten gilt. In Kapitel 3 dreht sich alles um die Themen Führungspersönlichkeit, Zusammenstellung eines Gründerteams und Generierung von

mensstart zu dauerhaftem Wachstum, Heidelberg/Berlin, S. 26. Meyer, W. (2006): *Journey towards success*. European Patent Office.

Finanzmitteln. Damit Sie an eine Förderung, eine Bankenfinanzierung oder Geld von privaten Investoren kommen, wird ein Unternehmenskonzept in Form eines Businessplans benötigt. Kapitel 4 nimmt daher einen beispielhaften Geschäftsplan unter die Lupe, der durch Kommentare und Leitfragen praxisnah aufbereitet wird.

1
Best und Bad Practice: Erfolgsgeschichten sind kein Zufall

Ziel dieses Kapitels
— Entdecken Sie, was erfolgreiche Gründer vorgemacht haben – und was diese besser gemacht haben als andere.

Detailziele
— Erfahren Sie, wie ein Akademiker auf der Basis seiner Doktorarbeit seine Vision von einem kleinen, transportablen Stromaggregat realisierte.
— Lernen Sie zwei entscheidende Erfolgsfaktoren anhand zweier Beispiele aus dem Handwerk kennen: zündende Ideen zu haben und Unternehmerpersönlichkeit zu sein.
— Minimieren Sie das Risiko des Scheiterns Ihrer Idee, indem Sie sich typische Fehler von Existenzgründern bewusst machen.

Oft wird behauptet, Existenzgründer müssten die Fähigkeiten von Zehnkämpfern aufweisen. Wenn es um die Kompetenzen eines Existenzgründers geht, setzt man oft folgende Kenntnisse voraus:[2]

---

2   Faltin, G. (2010): *Kopf schlägt Kapital. Die ganz andere Art, ein Unternehmen zu gründen. Von der Lust, ein Entrepreneur zu sein.* München.

1. umfassende Markt- und Wettbewerbskenntnisse,
2. Finanzierung,
3. Rechnungswesen,
4. Bilanzierung,
5. Controlling,
6. Kenntnisse rechtlich relevanter Aspekte,
7. Organisationsentwicklung,
8. Personalentwicklung,
9. Marketing und Vertrieb,
10. Kommunikationskompetenz.

Diese Ansicht ist für uns zu praxisfern, denn um die eben genannten zehn Punkte sicher zu beherrschen, benötigen Sie nicht nur eine utopische Anzahl verschiedenster Studienabschlüsse, sondern auch vielfältige Branchen- und Lebenserfahrung. Gerade als Existenzgründer kann man verständlicherweise vieles davon noch nicht vorweisen. Die Unternehmensgründer, die wir Ihnen gleich vorstellen, zeichnen sich – im Gegensatz zur Theorie – vor allem durch folgende Eigenschaften aus:

1. Sie beobachteten ihre Zielmärkte, (Lissen in Nächbn)
2. erkannten aus diesen Beobachtungen heraus eine Marktnische,
3. entwickelten allein oder im Team ein passendes Produkt für diese Nische,
4. konnten mit ihrer Idee andere Menschen begeistern, die ihnen vertrauten,
5. bauten so ein Team aus Gleichgesinnten (band of brothers and sisters) auf,
6. fanden eigene innovative und zugleich kostengünstige Vertriebswege,
7. entwickelten ihre Ideen als unruhige, kreative Geister rasch weiter,

8. adaptieren diese Ideen sehr schnell und »inhouse« noch heute an sich ändernde Märkte,
9. sind nach wie vor offen für neue Trends und technologische Entwicklungen und
10. haben ein Netzwerk aus Fachleuten mit sich ergänzenden Kompetenzen um sich.

Wenn Sie diese Übersicht mit den eher abstrakten Kompetenzen des Existenzgründers als Zehnkämpfer vergleichen, werden Sie sich vermutlich mit der konkreteren Auflistung eher identifizieren können. Viel Know-how werden Sie sich mit der Zeit selbst aneignen (müssen), für andere Bereiche finden Sie entweder qualifizierte Teamkollegen oder greifen auf externe Dienstleister mit Spezialkenntnissen zurück (Patentanwalt, Steuerberater et cetera). Also: Nur Mut!

Bei der Auswahl der Best-Practice-Beispiele waren zwei Kriterien entscheidend: Zum einen musste das Unternehmen die kritischen drei Phasen (Pre-Seed-, Seed- und Start-up-Phase) bereits hinter sich haben, also seit mehr als drei Jahren auf dem Markt etabliert sein. Zum anderen sollten diese Unternehmen eine eigene Schutzstrategie aufweisen. Denn wir sprechen mit diesem Buch vor allem diejenigen Existenzgründer an, die meinen, eine schützenswerte Idee zu haben.

Vor diesem Hintergrund wählten wir folgende drei Unternehmen aus:

— Smart Fuel Cell AG (SFC): Dr. Manfred Stefener hat mit SFC ein typisches Spin-off-Unternehmen aus seiner universitären Tätigkeit heraus gegründet. Für seine Innovationen wurde er bereits mehrfach ausgezeichnet. Dr. Stefener ist es gelungen, Investoren bereits bei einem Businessplan-Wettbewerb von seiner Idee zu überzeugen. Sein Unternehmen ist ein Beispiel für eine *kapitalintensive Unternehmensgründung*.

— Klappex-Fenster GmbH: Die Firma steht für vierzig Jahre stetiger Innovation, besitzt eine Vielzahl deutscher und europäischer Patente und Gebrauchsmusterschutz. Dadurch ist es Klappex mehrfach gelungen, Lizenzen seiner Innovationen zu verkaufen. Gründer Reiner Detenhoff und sein Sohn sind Pioniere mit wachen Augen und Fingerspitzengefühl für den Markt geblieben. Sie sind Vertreter des Handwerks, als solche vielfach ausgezeichnet. Klappex ist ein Beispiel für eine gelungene *vertikale Diversifikation*: Das Unternehmen entwickelte eine Vielzahl an Innovationen rund um das Thema Fenster.

— Soyer AG: Der Familienbetrieb wurde 1970 gegründet und wird mittlerweile von der zweiten Generation geführt. Zunächst konzentrierte man sich bei Soyer lange Zeit auf Entwicklungen in der Bolzenschweißtechnik. Inzwischen fertigt das Unternehmen selbst Schlagbolzen aller Art. Daher ist die Soyer AG ein hervorragendes Beispiel für *horizontale Diversifikation*. Auszeichnungen wie der »Bundespreis für hervorragende innovatorische Leistungen für das Handwerk« beweisen, dass man keineswegs Akademiker sein muss, um innovativ zu sein.

Die Tatsache, dass es sich bei den drei Beispielen jeweils um Unternehmen aus Oberbayern handelt, ist eher dem regionalen Zufallsprinzip geschuldet. Oft galt es, spontane und kurzfristige Termine zu vereinbaren. Dies ist über mehrere hundert Kilometer wesentlich schwieriger als in der Region. Nehmen Sie das ruhig als Hinweis: Schauen Sie sich in Ihrer Umgebung nach branchenerfahrenen Kollegen um und knüpfen Sie Kontakte. Sicher lohnt es sich, dem einen oder anderen über die Schulter schauen.

In einem Interview sagte uns Thomas Fürst, Leiter des Existenzgründungszentrums der Stadtsparkasse München, dass erfolgreiche Gründer bereits möglichst früh mit Neben- oder Vorprodukten auf dem

Markt aktiv sind. Das ermöglicht eine Innenfinanzierung, wie wir im Fall der drei hier ausgewählten Unternehmen sehen werden. Innenfinanzierung bedeutet, dass die Weiterentwicklung der technischen Innovationen zu einem sehr frühen Zeitpunkt teilweise durch eigene Gewinne finanziert werden kann.

Drehen wir nun die Zeit zurück und werfen gemeinsam einen Blick auf die Vergangenheit dieser drei Unternehmen. Tipp: Achten Sie beim Lesen darauf, welche Aspekte sich eventuell auf Ihre Idee oder Ihr Gründungsvorhaben übertragen lassen.

1.1 Smart Fuel Cell: Brennstoffzellen müssen klein sein

Brennstoffzellen stellen Energie aus chemischen Prozessen bereit. Das grundlegende Prinzip ist bereits seit 1839 bekannt: Christian Friedrich Schönbein, Entdecker des Prinzips der Brennstoffzellen, umspülte in einem Versuchsaufbau zwei Platindrähte in Salzsäure mit Wasserstoff beziehungsweise Sauerstoff und bemerkte daraufhin eine elektrische Spannung im Gefäß. Die Brennstoffzelle von heute funktioniert nach dem gleichen Prinzip. Jedoch wurden die Prozesse kompakter und zugleich komplexer als bei Schönbeins Versuchsaufbau. Nach wie vor wird die elektrische Energie meist durch die Verbrennung zweier Gase gewonnen. Jedoch ersetzt Methan (beziehungsweise Methanol) in manchen Verfahren den Brennstoff Wasserstoff.

An dieser Stelle setzte in den 1990er-Jahren Dr. Manfred Stefeners Forschungsarbeit an: Er träumte von möglichst kleinen und damit mobil einsetzbaren Brennstoffzellen. Als Brennstoffbasis kam für ihn nur Methanol infrage. Zur gleichen Zeit tüftelten viele Autobauer an Brennstoffzellen und investierten hohe Summen in Forschung und Entwicklung. Doch Dr. Stefener erkannte die Effektivität dieser Energievariante und in seiner Vorstellung weitete er den Einsatz der Brennstoffzellen auf Bereiche aus, in denen Energieträger über wenig Raum und Haltbarkeit verfügen, zum Beispiel in Notebooks oder Kameras.

Dr. Stefener gründete Small Fuel Cell (SFC) im Jahr 2000 als GmbH. SFC ist ein klassisches universitäres Spin-off-Unternehmen: Dr. Stefener kombinierte seine Doktorarbeit (Dissertation) mit den Planungen für seine Existenzgründung. In mehreren Verhandlungsphasen konnte er Investoren für die Weiterentwicklung des Angebotsportfolios gewinnen. Schließlich wurde mit der rechtlichen Umwandlung in eine AG (2005) der Schritt in die Later-Stage-Phase eingeleitet.

Aufgrund der innovativen Erstleistung von Dr. Stefener konnte sich SFC zum Marktführer für mobile und netzferne Energieversorgung auf der Basis von Brennstoffzellen entwickeln. Das Angebot der SFC AG erstreckt sich von Freizeitprodukten über Industrieprodukte bis hin zu Produkten für den Militärbereich. Dr. Stefeners Idee steht exemplarisch für all diejenigen Ideeninhaber, die gleich zu Beginn ihrer Gründung eine Geldmenge im zweistelligen Millionenbereich benötigen, was zum Beispiel in den Lifesciences (Biotechnologie) keine Seltenheit ist.[3]

---

3   Siehe Kapitel 5, Interview mit den Wirtschaftsprüfern Tobias Hartung und Jürgen Zapf (Ernst & Young) im Juli 2009.

1.1.1 Pre-Seed-Phase:
Die Universität als fördernde Umgebung

Insgesamt erstreckte sich diese Phase von 1997 bis 2000. In dieser Zeit arbeitete Dr. Stefener an den Technischen Universitäten Duisburg und München an seiner Doktorarbeit und war dort jeweils Angestellter. Im Rahmen seiner Forschungen für die Dissertation ging er konsequent einer speziellen Fragestellung nach, die später Grundlage seines Unternehmens werden sollte: Auf welcher Basis kann ein funktionierendes, möglichst kleines und zugleich austauschbares Energiesystem entstehen? Parallel zu seiner Dissertation begann Dr. Stefener mit der Ausarbeitung eines Businessplans, den er im Jahr 2000 beim Münchener Business Plan Wettbewerb einreichte – und gewann. Später sollten noch viele weitere Preise und Auszeichnungen folgen.

Rückblickend schildert Dr. Stefener selbst diese Zeit als Boomzeit für Gründer. Um die Jahrtausendwende war es relativ leicht, interessierte Geldgeber zu finden. Diese suchten sogar aktiv im universitären Umfeld nach innovativen Ideen. Auch erinnert er sich noch gut daran, dass Unternehmensgründungen seinerzeit an den Universitäten *das* Thema waren. Viele Studienabsolventen spielten damals mit dem Gedanken, ihr Wissen in einem Businessmodell praktisch umzusetzen.

Als damals noch unbedarfter Nicht-Ökonom sah sich Dr. Stefener nun mit der Welt der Wirtschaft konfrontiert. Doch war er fest entschlossen, die Denkweise von Geldgebern (Venture-Capitals und Private-Equity-Gebern) zu studieren. Hierzu nutzte er vor allem die Jours fixes, die von den Veranstaltern des Münchener Business Plan Wettbewerbs angeboten wurden. Dr. Stefener gelang es, über diese Plattform erste Kontakte zu Geldgebern aufzubauen und diese von seiner Idee zu überzeugen. In zahlreichen Gesprächen mit Experten aus der Finanzwirtschaft erhielt Dr. Stefener wertvolle Hinweise für die Verbesserung seines Businessplans. Mit dem maßgeblichen Investor der ersten Stunde verbindet Dr. Stefener mittlerweile ein mehr als zehnjähriges Vertrauensverhältnis.

Was Dr. Stefener als Unternehmerpersönlichkeit auszeichnet – ebenso wie die beiden anderen Unternehmer, die wir Ihnen noch vorstellen werden – sind vor allem seine wissenschaftliche Neugier, seine Leidenschaft und sein Drang, im Forschungs- und Entwicklungsbereich Neues zu entdecken. So gelang es Dr. Stefener, sich einen genauen Überblick über den Stand der Forschung und die aktuelle Marktsituation zu verschaffen. Im Zusammenspiel mit konsequenter Marktrecherche erklärt das für uns zum Teil seinen Erfolg. Denn eine systematische, strukturierte und gründliche Recherche bildet die sichere Basis für das Abenteuer Innovation.

Er kontaktierte die Patentämter und Patentinhaber, um sich über die aktuelle Situation in seinem Bereich zu informieren. Rasch nach den ersten Patentrecherchen reichte Dr. Stefener sein erstes Patent ein und meldete dies ordnungsgemäß als dienstliche Erfindung seinem damaligen Arbeitgeber, der TU München. Diese bestätigte ihm daraufhin schriftlich, kein Interesse an dieser Erfindung zu haben und somit auch keine Ansprüche geltend machen zu wollen. Im Jahr 1999 wurde Stefener das erste (ein deutsches) Patent auf seine Erfindung erteilt.

Genaueres zum Thema Patente erfahren Sie in Kapitel 2.

1.1.2 Seed-Phase: Der Blitzstart von SFC

Der Sieg beim Münchener Business Plan Wettbewerb ist insofern wichtig, als sich in der direkten Folge die entscheidende Anschubfinanzierung für die Entwicklung erster Prototypen ergab. Es folgten weitere Auszeichnungen für den mittlerweile seriennahen Prototyp seiner Brennstoffzellen (SFC A 25), so zum Beispiel der Bayerische Innovationspreis (2001). Ein Meilenstein war die fachliche Anerkennung der innovativen Leistung durch die Prämierung auf der Wasserstoff-Expo in Hamburg (2001).

Diese Erfolge zogen das Interesse von Kapitalgebern auf sich, die ihren Fokus auf junge wachstumsfähige Unternehmen mit cleveren Ideen legen: Mit der 3i-Group und PRICAP konnte Smart Fuel Cell zwei etablierte Kapitalgeber für die unternehmerische Weiterentwicklung gewinnen. Um den Anforderungen der Investoren zu genügen, musste schnell ein tatkräftiges Team formiert werden. Dies ist jedoch in der Start-up-Phase eines Unternehmens nicht ganz einfach. Dr. Jens Müller, einer der aktuellen Vorstände der SFC, erinnert sich genau an seinen Einstieg bei SFC im Juni 2001: Über Dr. Stefeners Doktorvater kam ein persönlicher Kontakt zustande und Dr. Müller stand sehr bald vor einer wichtigen Entscheidung. Sollte er das Risiko eingehen und bei der jungen Firma einsteigen? Oder sollte er doch einen sicheren Arbeitsplatz in einem etablierten Unternehmen vorziehen? Seine Risikobereitschaft scheint sich gelohnt zu haben: Dr. Müller ist heute noch für SFC tätig.

Smart Fuel Cell ist bis heute eine junge und dynamische Firma geblieben. Viele Entwickler kommen gerade von der Universität, viele haben bereits bei SFC ein Praktikum beziehungsweise ein Werkstudium gemacht. Gleichzeitig setzt SFC auf langjährige Erfahrung von Mitarbeitern. Die objektive Sicht auf interne Entwicklungen bewahrt sich SFC durch Berater im eigenen Aufsichtsrat und freiberufliche Unternehmensberater als Kompetenzquellen, die bei strategischen Entscheidungen mehr als nur beratend tätig sind. Der erste Investor ist beispielsweise eine der Personen, die sensibel und zielstrebig dabei halfen, aus »Technikfreaks« Geschäftsleute mit Kostenbewusstsein zu machen, die Produkte für einen verkaufsfähigen Preis entwickeln. Business-Angels sind also mehr als Kapitalgeber, denn sie haben ein großes Interesse

Notiz: Business Angels beraten gerne.

daran, dass das unterstützte Vorhaben gelingt. Daher stehen sie dem Unternehmerteam gerne beratend zur Seite.

Trotz eines hohen Risikos in der Anfangsphase kann es gelingen, kompetente Mitarbeiter zu gewinnen. Was Sie jedoch unbedingt brauchen, sind klare Vorstellungen über Ihr Geschäftskonzept sowie Überzeugungskraft. Denn Sie müssen Ihrem neuen Mitarbeiter vermitteln, dass Ihre Idee marktfähig ist und dass er bei Ihnen sicher aufgehoben ist. Das Gleiche gilt übrigens für Kapitalgeber.

In Kapitel 3 gehen wir detailliert auf diese Themen ein.

1.1.3 Early-Stage-Phase: Die erste Serie ist ein Erfolg

Der Werdegang von SFC ist der praktische Beweis dafür, dass die vier Phasen des Modells nicht strikt aufeinander aufbauen: Bei SFC datiert beispielsweise die Entwicklung des Prototyps zeitlich deutlich später als die Firmengründung.

Die Early-Stage-Phase von SFC ist von einer Vielzahl von Innovationen und einer ebenfalls hohen Zahl von Prämierungen gekennzeichnet. Das im Oktober 2001 auf der Wasserstoff-Expo in Hamburg vorgestellte Pionierprodukt SFC A 25 ist bereits im März 2002 technologisch überholt. Das Nachfolgegerät ist nur halb so groß wie sein Vorgänger – bei gleichzeitiger Gewichtsreduktion um ein Drittel und deutlicher Leistungssteigerung. Einsatzbereiche der SFC A 25 sind die Verkehrs- und Umwelttechnik sowie der Freizeitsektor (Camping und Wassersport). Eine für die Endverbraucher nutzbare Variante wird Anfang 2003 vorgestellt.

Mittlerweile findet man die Brennstoffzellen der SFC in folgenden Marktsegmenten:

— Freizeit (Energielösungen für Reisemobile, Berghütten und Was-
sersport),
— Mobilität (Elektroroller, Elektromobile, Sonderfahrzeuge),
— Industrie (Verkehrstechnik, Sicherheitstechnik, Umweltsensorik),
— Militär (am Körper getragen, in Fahrzeugen, Feldsystem).

Im Jahr 2003, beim deutschlandweiten Start-up-Wettbewerb, der von
den Sparkassen, der Unternehmensberatung McKinsey und vom *Stern*
durchgeführt wurde, schaffte es SFC wieder einmal auf das Siegertrepp-
chen (3. Platz). Die rasante und populäre Unternehmensentwicklung
erregte darüber hinaus das Interesse der DuPont-Gruppe, einer international aufgestellten Großunternehmung der Chemiebranche.

Der Vertrieb der eigenen Produkte verlief aufgrund eines vorhandenen guten Netzwerks in der Freizeitwirtschaft von Beginn an günstig.
Dem Vertriebsleiter gelang es, namhafte Großhändler und Kooperationspartner zu gewinnen. Das ersparte dem Jungunternehmen den
kostenintensiven Aufbau eines großen, eigenen Vertriebsnetzes.

1.1.4 Later-Stage-Phase: Mehr Geld für die Expansion

Eine Kooperation mit einem der Marktführer im Bereich Reisemobile
hat 2005 maßgeblich zum ökonomischen Erfolg des Unternehmens
beigetragen. Insgesamt macht der Freizeitbereich knapp 50 Prozent
des jährlichen Firmenumsatzes aus. An zweiter Stelle rangieren sogenannte Joint-Development-Agreements, bezahlte Entwicklungsaufträge. Hierzu zählen zum Beispiel Prototypen oder Kleinserien assozi-
ierter Partner. Dieser Geschäftsbereich macht immerhin ein Viertel des
Jahresumsatzes aus. An dritter Stelle steht mittlerweile das Marktsegment Verteidigung mit circa 15 Prozent. Besonders die US Air Force und
die deutsche Bundeswehr zeigen Interesse an SFC-Produkten. Einen

weiteren Beitrag stellt das Marktsegment »netzunabhängige Industrieanwendungen« mit rund 10 Prozent.

Seit Mai 2007 darf sich das Unternehmen nach Börsennotierung an der Frankfurter Börse »SFC Smart Fuel Cell AG« nennen und besitzt mittlerweile auch die Unternehmensstruktur einer Aktiengesellschaft. Im Jahr 2008 gewinnt SFC den deutschen Industriepreis der Initiative Mittelstand in der Kategorie »Energie« für sein Energieversorgungskonzept für Verkehrsleitsysteme. Ende 2009 arbeiten 31 Experten in der Forschungs- und Entwicklungsabteilung, insgesamt beschäftigt SFC circa 150 Mitarbeiter.

Die Erfahrung des hervorragend positionierten und innovativen Benchmark-Unternehmens zeigt, dass nicht nur Investoren Patente wertschätzen. Patente sind aus Sicht von Dr. Müller ein wertvolles Mittel, das sowohl defensiv als Produktschutz wie auch als offensiv-strategisches Element eingesetzt werden kann. Im Zeitraum von 2002 bis 2009 hat SFC circa eine Million Euro in Patentierungen investiert und profitiert regelmäßig vom Abschluss lukrativer Lizenzierungsverträge. Um die Forschungsarbeit und damit die Entwicklung weiterer Innovationen voranzutreiben, ist es bei SFC selbstverständlich, an Ausschreibungen für europäische, Bundes- und Landesforschungsprojekte teilzunehmen. Öffentliche Förderungen stellen seit der Unternehmensgründung ein wesentliches Standbein der Grundlagenforschung dar. Auch mittelfristig erwartet man bei SFC daher, mit den Schutzrechten weitere Einnahmequellen durch Lizenzeinnahmen erschließen zu können. Die Kombination von Technologievorsprung und daran gekoppeltem Patentschutz bietet dem Unternehmen in Ergänzung zum bestehenden Lieferanten- und Kundenstamm einen effektiven und langfristig entscheidenden Wettbewerbsvorteil.

1.2 Klappex GmbH: Vom Garagenunternehmen zum etablierten Premiumanbieter

Das Kerngeschäft von Klappex ist die Produktion und Montage hochwertiger Fenster und Jalousien, vor allem im Bereich Altbausanierung. Der Entwicklung innovativer Konstruktionslösungen kommt dabei ein besonderer Stellenwert zu. Klappex ist, ebenso wie die beiden anderen Best-Practice-Unternehmen, vielfach für seine Innovationen ausgezeichnet worden.

Wie bereits angedeutet, kommen Innovationstreiber aus den unterschiedlichsten Bereichen. Reiner Detenhoff, Gründer von Klappex, ist eine bodenständige Entwickler- und Gründerpersönlichkeit aus dem Handwerk. Er hat brillante Produkte im Bereich des Fensterbaus entwickelt, die eine Marktnische bedienen, und sie entsprechend mit gewerblichen Schutzrechten abgesichert. Auch Klappex konnte Teile seines Angebotsportfolios gewinnbringend lizenzieren.

1.2.1 Pre-Seed und Seed-Phase:
Mit klappernden Markisen fing alles an

Mit Stolz auf die eigene Firmenvergangenheit berichtet Reiner Detenhoff darüber, wie es zur Gründung des Unternehmens und zur weiteren Entwicklung kam, ohne dass er ein Existenzgründerdarlehen in Anspruch nehmen musste: Als Vertriebener ohne jegliche Finanzreserven begann Anfang der 1960er-Jahre Detenhoffs beruflicher Werdegang in der Landwirtschaft. Als Knecht verdiente er damals 30 D-Mark im Monat. Später machte er eine Lehre als Werkzeugmacher – ein Handwerk, das die Grundlage für sein späteres Unternehmen bilden sollte. Darüber hinaus war er als Maschineneinsteller in einer Jagdwaffenfabrik, als Dreher bei einem Lkw-Produzenten und als Vertreter tätig. Er kombinierte so handwerkliche Kompetenzen mit Erfahrungen im Direktvertrieb.

Mit der Montage einer Markise auf der Terrasse der Schwiegermutter begann im Grunde die Geschichte der Firma Klappex. Der junge Reiner Detenhoff modifizierte die Markise, stattete sie mit einigen Extras aus. Die stolze Schwiegermutter präsentierte ihren Nachbarinnen und Freundinnen die tolle Markise. Die Folge: Detenhoff verkaufte gleich mehrere Markisen dieses Prototyps in der vorgewerblichen Phase. Aus seinen Gesprächen erkannte Detenhoff schnell den vordringlichen Kundenwunsch: Endlich klapperfreie Jalousien! Seine Geschäftsidee für die identifizierte Marktnische war geboren – und auch der Firmenname »klapp – ex«. Das Klappern von Jalousien bei Wind und Sturm sollte mit seiner Entwicklung der Vergangenheit angehören.

1.2.2 Start-up-Phase: Erfinden und Klinken putzen

1966 gründeten Reiner und Rosemarie Detenhoff die Klappex GmbH im oberbayerischen Grafrath, circa zehn Kilometer nördlich des Ammersees. Es war ein Familien- und Garagenunternehmen, wie es im Buche steht: Während sich Frau Detenhoff um die finanziellen Belange des jungen Unternehmens kümmerte, produzierte Herr Detenhoff die Jalousien und Markisen in der eigenen Garage und sorgte darüber hinaus als Vertreter persönlich für den nötigen Absatz.

Die klapperfreie Jalousie wurde bereits sehr früh über ein Patent geschützt. Ein Patentanwalt begleitete diesen Schritt fachlich, übernahm die Entwicklung der passenden Strategie und bereitete die Patentanmeldung vor. Trotz der vielen privaten Entsagungen aufgrund der hohen Investitionen, die man in den Betrieb steckte, betont Detenhoff rückblickend, dass die Entscheidung richtig war. Sicherte man im

Gegenzug doch den Patentschutz für die neuartige Jalousie, welche die Grundlage der erfolgreichen Unternehmensentwicklung war.

Der wesentliche Innovationsschub von Klappex kam während der Start-up-Phase wiederum eher durch Zufall und Neugier zustande: Ein Kunde verschob mehrfach den Einbau der bestellten Klappex-Jalousien. Bei Nachfrage fand Detenhoff heraus, dass der Fensterlieferant des Altbausanierungsprojektes die bestellten Spezialfenster nicht liefern konnte und so den Sanierungsprozess verzögerte. Detenhoff hatte erneut eine zündende Idee: das Einschubfenster. Beim Auswechseln alter Fenster verbleiben Reste des alten Fensterstocks im Mauerwerk und dienen als isolierende Zarge. Klappex wirbt damit, dass diese Einbaumethode Dreck, Staub und Bauschutt auf ein Mindestmaß reduziert. Folgeschäden, wie sie bei der herkömmlichen Methode fast zwangsläufig entstehen, zum Beispiel die Beschädigung von Fliesen, Parkett oder Tapeten, werden unwahrscheinlich. Somit entfallen Zusatzkosten für weitere Handwerker, die diese Folgeschäden des Fensterwechsels bereinigen müssten. Hinzu kommt der Faktor Zeit: Für den Wechsel eines Normalfensters werden lediglich 90 Minuten veranschlagt. Enorme Zeitersparnis kombiniert mit sauberer Arbeit – das Einschubfenster ist ein Produkt mit sehr hohem Kundennutzen.

Mehrere technische Finessen konnte Detenhoff in vergleichsweise kurzer Zeit entwickeln und direkt in seine Einschubfensterproduktion einfließen lassen:

— den bedarfsgerechten Umbau spezieller Bandsägen hinsichtlich Sägeblattführung und Geschwindigkeitsregelung,
— die maschinell standardisierte und trotzdem auf den individuellen Bedarf ausgerichtete Gestaltung der Einschubfenster,
— spezielle Anschläge, um die Fensterrahmen über die bestehenden Anschläge mit der Wand zu befestigen, und
— die Optimierung des Einschubfenstersystems.

Die Produktionsanfragen hatten mittlerweile zu einer Auslastung geführt, die in der heimischen Garage nicht mehr bewältigt werden konnte. Während der Start-up-Phase baute Detenhoff daher mit seinem mittlerweile dreiköpfigen Team einen nahe gelegenen Kuhstall zur ersten Produktionshalle um. Pioniergeist und Hands-on-Mentalität prägten die Firma in ihrer frühen Phase.

Den Vertrieb wickelte der Gründer noch weitgehend selbst als Vertreter ab. Zusätzlich führte er im Raum Dachau drei Produktveranstaltungen in Gasthäusern durch. Nach zwei unbefriedigenden Versuchen brachte die dritte Veranstaltung neue Aufträgen ein.

1.2.3 Later-Stage-Phase:
Durchbruch von Klappex über Schallschutz

Neben ersten ökologischen Fragestellungen stand ab 1973 ein zentrales Thema auf der Agenda der deutschen Bundesregierung: der Schallschutz. Dies betraf vor allem die Gebäude, die sich in in unmittelbarer Nähe von Start- und Landebahnen von Flugplätzen befanden. Zu dieser Zeit stieg der Flugverkehr rasant an und damit auch die Lärmbelastung durch die lauten Turbinen der Jets. Die Jahre von 1976 bis 1980 waren aus Sicht des Gründers die goldenen Jahre. Klappex gelang es, circa 80 Prozent des Kapitalvolumens des Lärmschutzprogramms der Bundesregierung an sich zu binden. Die Monteure beförderte man während dieser Zeit mit einem firmeneigenen Flugzeug von ihrer bayerischen Heimat zu verschiedenen Flugplätzen. Allein bei einem einzigen Projekt mussten 120 Häuser und Hochhäuser in der Nähe eines britischen Militärflugplatzes in kürzester Zeit mit Klappex-Fenstern ausgestattet werden.

Die Gewinne wurden in das eigene Unternehmen reinvestiert. So konnten unter anderem der Umzug in die heutige 1800 Quadratmeter große Produktionsstätte und weitere Innovationen finanziert werden. Das gesunde mittelständische Unternehmen beschäftigt mittlerweile 50 Mitarbeiter bei einem jährlichen Auftragsvolumen von rund 10 Millionen Euro.

Nicht nur eine Vielzahl von Patenten in den Bereichen Jalousien und Fenster sowie eine diversifizierte Produktpalette zeugen vom hohen Innovationsgrad des Unternehmens. Zwei bayerische Staatspreise (1999), ein »Bundespreis für hervorragende innovatorische Leistungen für das Handwerk« (2005) und die Aufnahme in die Gruppe der »Top 100 innovativer deutscher Mittelstandsunternehmen« zeugen von der Güte erreichter Standards und Leistungen.

Nachdem die Schallschutzfenster in den 1970er-Jahren zu einer echten Cashcow für Klappex geworden waren, öffnete sich das Unternehmen sehr erfolgreich dem Thema Energieeffizienz: Für sein europaweit patentiertes Thermo-Rollladensystem erhielt Klappex 2005 einen Bundespreis für nachgewiesene Energieeinsparungen von bis zu 78 Prozent in den als Thermoschleusen berüchtigten Rollladenkästen. Ein Marktführer in diesem Segment zeigte nun hohes Interesse an einer Lizenz für das mehrfach prämierte Produkt. Trotz schwieriger Verhandlungen kam es noch rechtzeitig vor einem bedeutenden Messeauftritt zur Unterzeichnung des Lizenzvertrags.

Ein für Sie als Ideeninhaber wichtiger Satz von Herrn Detenhoff jun. lautet: »Jemand, der zum Beispiel ein Patent verkaufen will, muss das funktionierende Teil präsentieren.« Selbstverständlich haben die Detenhoffs mittlerweile ihre Produkte über Patente in so hohem Maße abgesichert, dass es der Konkurrenz nicht ohne Weiteres möglich wäre, beispielsweise die Thermo-Rollladen nachzubauen. Bei den Patentanmeldungen gehen die Detenhoffs seit 40 Jahren vor allem der strategischen Frage nach, wie die Mitbewerber vorgehen, um unter Umgehung des Patentschutzes ähnliche Produkt zu etablieren. Die innovative Ausrichtung des Unternehmens, gepaart mit einer soliden Finanzpolitik und durchdachten Patentstrategie, sind gute Indizien dafür, dass es Klappex gelingen kann, auch in Zukunft Produkte mit hohem Kundennutzen erfolgreich und dauerhaft am Markt zu positionieren.

1.3   Soyer GmbH: Erfolg ist eine Vergangenheitsgröße

Soyer ist ein etablierter und innovativer Anbieter von Bolzenschweiß-technik. Das betrifft sowohl die Geräte als auch seit 2002 die zu verarbeitenden Materialien. Bei der Bolzenschweißtechnik geht es generell um Befestigungsvorrichtungen (Bolzen), die teilweise unsichtbar montiert werden und dabei extremer Belastung standhalten müssen. Mit dieser Technik wird beispielsweise die Bügeleisenfläche mit dem Rest des Gerätes verschweißt oder Brückenpfeiler mit der Brücke verbunden.

Schon neun Mal erhielt das Unternehmen den »Bundespreis für hervorragende innovatorische Leistungen für das Handwerk« und eine Vielzahl weiterer Prämierungen. Es zeugt von konstant hohen Ansprüchen an die eigene Forschungs- und Entwicklungsarbeit, wenn man vom Seniorchef des Unternehmens Soyer im oberbayerischen Wörthsee/Etterschlag hört: »Erfolg ist eine Vergangenheitsgröße.« Der Senior der Bolzenschweißtechnikfirma ist stolz darauf, seit 1999 die Vielzahl der Innovationen aus dem eigenen Cashflow heraus finanzieren zu können. Der englische Begriff einer Innovation-driven Company, eines von Innovationen gezeichneten Unternehmens, passt ohne Frage auch für diese Firma. Bei der Soyer GmbH trifft eine gesunde Investitionspolitik mit einer entsprechenden gewerblichen Schutzrechtsstrategie zusammen.

Nach U. schaun, die mit Preisen ausgezeichnet wurden.

1.3.1 Pre-Seed- und Seed-Phase: Qualifizieren und sparen

1954 beendete Heinz Soyer erfolgreich seine Ausbildung zum technischen Kaufmann. »Ich wurde dazu erzogen, keine Ansprüche zu stellen, daher war aufgrund fehlenden Geldes eine höhere als die Mindestschulausbildung abwegig«, erinnert sich der Seniorchef. Die Entbehrungen der Kriegs- und Nachkriegszeit waren die Triebfeder des zielstrebigen jungen Mannes, der aus eigener Kraft den sozialen Aufstieg schaffen wollte. So war Heinz Soyer bereits im Alter von 25 Jahren in seinem mittelständischen Lehrbetrieb zum Verkaufsleiter aufgestiegen. Eine Position, die in dem Unternehmen bis dahin vornehmlich Akademikern vorbehalten war. 1965 fiel für den jungen Mann dann die Entscheidung für den Weg in die Selbstständigkeit und somit zu beruflicher Weiterentwicklung und mehr Entscheidungsfreiheit. Von nun an arbeitete er weitere fünf Jahre zielstrebig auf diesen Schritt hin. Zusätzliche Qualifikationen und Fortbildungen standen für Heinz Soyer genauso auf der Agenda wie die Schaffung von Rücklagen. Denn die Unternehmensgründung finanzierte er ausschließlich mit angespartem Eigenkapital. Noch heute sieht Heinz Soyer seine Selbstständigkeit und das Unternehmertum als Lebensinhalt. Fleiß, Disziplin und Entsagung identifiziert er als Grundlagen für erfolgreiches unternehmerisches Handeln, das den Unterschied zwischen einer guten Idee und einer marktfähigen Innovation ausmacht.

1.3.2 Start-up-Phase: Die ersten Jahre in der alten Zahnarztpraxis

1970 gründete Heinz Soyer seine GmbH. Als Produktionsstätte diente eine ungenutzte, 80 Quadratmeter große Hinterzimmer-Zahnarztpraxis in Planegg bei München. Freunde und Bekannte halfen ihm während der Anfangszeit unentgeltlich dabei, seine Schweißgeräte und -pistolen zu entwickeln. Um parallel zur eigenen Forschungsarbeit den Lebensunterhalt für seine Familie zu verdienen, produzierte Heinz Soyer Platinen für Bedarfsträger in der Medizintechnik. Dazu wurden eigens Lohnarbeitskräfte – heute würde man Zeitarbeitskräfte dazu sagen – beschäftigt.

Die Entwicklungsarbeit führte bald zu ersten Ergebnissen. Mit seinen Prototypen im Gepäck reiste der Jungunternehmer durch die alten Bundesländer von einem Präsentationstermin zum nächsten – die Entfernung spielte für ihn keine Rolle. Durch zahlreiche persönliche Gespräche und Soyers Auffassung von Dienstleistung als »Leistung eines kundenorientierten Dienstes« gelang es dem Jungunternehmer, das Vertrauen der Kunden zu gewinnen.

Die Start-up-Phase bezeichnet Soyer retrospektiv als finanziellen Tanz auf der Rasierklinge, eine Zeit voller schlafloser und sorgenvoller Nächte. Nach zwei Jahren kostenintensiver Entwicklungsarbeit konnte 1972 schließlich die Fertigung von Teilen für die Medizintechnik eingestellt werden und das Unternehmen finanzierte sich ausschließlich aus eigenen Betriebsergebnissen.

1.3.3 Early-Stage-Phase: Der erste Lohn für harte Arbeit

Schon bald wurde die alte Hinterhaus-Zahnarztpraxis als Entwicklungs- und Produktionsstätte zu klein. Das Konzept von Entwicklung, Herstellung, Vertrieb und Service hatte sich als Gesamtlösung durchgesetzt. So konnte sich das Unternehmen bereits nach drei Jahren in einer neuen Produktionsstätte mit einer Gesamtnutzfläche von 600 Quadratmetern in Germering niederlassen.

Da die Bolzenschweißtechnik bis 1970 patentrechtlich durch eine amerikanische Firma geschützt war, konnte Heinz Soyer seine Technik nur mit hohen Lizenzgebühren vermarkten. Mit dem Erlöschen dieses

Patentschutzes fiel die Barriere. Der findige Gründer erarbeitete seit 1970 Bolzenschweißsysteme (Mutterschweißgeräte und Schweißpistolen) für das Spitzen-, das Hub- und das Kurzzeithubzündungssystem. Diese drei Hauptrichtungen des Bolzenschweißens unterscheiden sich vor allem durch die Erzeugungsart der Schweißenergie. Soyers Lösungen waren dabei so innovativ, dass die Firma 1973 keine finanziellen Probleme beim Umzug in die Germeringer Produktionsstätte und der damit verbundenen Anschaffung neuer Maschinen hatte.

Schon bald eilte der Firma Soyer wegen ihrer Erfolge in der Technologieentwicklung ein sehr guter Ruf voraus. Als gegen Ende der 1970er-Jahre die ersten Atomkraftwerke in Deutschland gebaut wurden, gelang es dem Unternehmen, den Zuschlag für die Atomkraftwerke Brokdorf, Neckar-Westheim und Isar II zu bekommen. Hilfreich dabei waren drei Exzellenzreferenzen durch die Obersten Baubehörden der deutschen Bundesländer Niedersachsen, Baden-Württemberg und Bayern. Doch auch den Ärger der Atomkraftgegner bekam Soyer zu spüren. Heinz Soyer kann sich noch genau an die wütend-aggressiven Beschimpfungen der Demonstranten erinnern, als er die Baustellen mit Teilen belieferte. Diese Großaufträge motivierten Heinz Soyer, ab 1980 neue Betätigungs- und Absatzmärkte in der gesamten metallverarbeitenden Industrie und dem Handwerk zu erschließen. Bereits ein Jahr später wickelte die Firma Aufträge aus den neuen Segmenten ab. Dadurch traf das Aus für den Bau weiterer 16 Atomkraftwerke (1983) das Unternehmen nicht so hart wie andere Mitbewerber.

1.3.4 Later-Stage-Phase: Eine langfristig sichere Positionierung

1985 verlagerte Heinz Soyer mit Unterstützung seiner Hausbank den Standort seines Familienbetriebs nach Wörthsee/Etterschlag. Grundlage für die langjährige Partnerschaft bei einem solch kapitalintensiven

Geschäft sind seiner Meinung nach Vertrauen und bedingungslose Offenheit, was vor allem auch Krisensituationen betrifft. »Verschleppung und Verschleierung können gerade in Krisenzeiten durch das Rating-System von Basel II oft und schnell zu ganz bösen Ergebnissen führen.« Venture-Capital und Private Equity als Kapitalquelle gab es Mitte der 1980er-Jahre in Deutschland noch nicht. Die einzige Möglichkeit, Investitionskapital zu bekommen, war der Weg zur Bank. Umso wichtiger war es für das Unternehmen, eine Bank des Vertrauens zu haben.

Seit Mitte der 1970er-Jahre agierte der strategisch vorausdenkende Unternehmer mit einer Vielzahl von offensiven und defensiven Patenten beziehungsweise Patentgruppen. Heinz Soyer befragte bei allen neuen Entwicklungen zuerst seinen Anwalt, seinen Experten für Patente & Co. Mittlerweile nutzt er für erste kostenlose Informationen die Technik- und Innovationsberatung der Industrie- und Handelskammer (IHK) und spricht die Berater bei der Handwerkskammer für München und Oberbayern an. Allein aus diesem Grund zahlt es sich seiner Ansicht nach aus, Mitglied beider Kammern zu sein. Gerade für innovative Unternehmen mit entsprechenden Entwicklungsabteilungen ist es empfehlenswert, sich hier beraten zu lassen oder spezielle Bildungsangebote zu nutzen.

2008 heimst das Unternehmen den Titel »TOP JOB – Mitglied der 100 besten Arbeitgeber im Mittelstand« ein wegen seiner beispielhaften Innovationspolitik, die auf Aus- und Fortbildung der Mitarbeiter basiert. Motivation heißt das Zauberwort: Zum einen nimmt die gesamte Belegschaft jährlich an durchschnittlich 14 Tagen an Fortbildungskursen teil. Dabei stehen Themen wie Technik und Produktion, Automatisierung und Rationalisierung, Betriebswirtschaft, Qualitätssicherung, Umwelt-, Arbeits- und Gesundheitsschutz auf dem Plan. Zum anderen beteiligt die Soyer GmbH die mittlerweile knapp 100 Mitarbeiter durch monatliche variable Prämien am Gewinn. Interne Optimierungsbestrebungen bei der Entwicklung, der Produktion, dem

Vertrieb und dem Service lohnen sich daher für Arbeitgeber und Arbeitnehmer.

Antizyklische Investitionspolitik bedeutet bezogen auf Soyer kontinuierliche Investitionen trotz der Wirtschaftskrise der Jahre 2008 und 2009. Ein visionsgeleitetes, zukunftsorientiertes Unternehmen schafft es, sich trotz einer negativen Gesamtsituation durch die Erschließung neuer Marktlücken über Wasser zu halten. Diese Einstellung unterstreicht ein Auszug aus einer Kundeninformation der Soyer GmbH vom Juli 2009 inmitten der schweren Wirtschaftskrise:

Sehr geehrter Kunde,

als mittelständisches Familienunternehmen stehen wir seit fast 40 Jahren für Kompetenz, Kontinuität, Vertrauen und Innovation. Durch die aktuelle Finanz- und Wirtschaftskrise haben wir»Innovation als Strategie« in den Mittelpunkt gestellt und das bisher bekannte Bolzenschweißspektrum mit technischen Neuheiten »im Dutzend« erweitert.

Im beigefügten Flyer finden Sie die 12 wichtigsten Neuentwicklungen mit hohem Anwendernutzen und klarem Mehrwert. Dafür sind wir kürzlich im bundesweiten Vergleich und Wettbewerb mit dem Bundesinnovationspreis 2009 und als TOP 100 – Innovator 2009 wiederholt ausgezeichnet worden.[4]

Sinngemäß passen diese Worte ebenso auf SFC, Klappex und auf viele weitere innovative kleine und mittelständische Unternehmen in Deutschland, Österreich und der Schweiz.

Fasst man die Best-Practice-Beispiele zusammen, so erkennt man, dass Alleinstellungsmerkmale *die* Grundvoraussetzung für den langfristigen Erfolg einer Unternehmensgründung sind. Stillstand bedeu-

---

4   Auszug aus einem Kundenrundschreiben der Soyer GmbH vom 17. Juli 2009.

tet oft Rückgang und ist der erste Vorbote des Firmenniedergangs. Deshalb sind Erfindungen und Neuerungen in den Dienstleistungsabläufen beispielsweise auch Kriterien des Rating-Verfahrens von Banken im Rahmen von Basel II.

1.4   Bad Practice:
Scheitern geschieht nicht aus Versehen

Unserer Ansicht nach wird in der Fachliteratur häufig zu wenig auf typische Fehler bei der Unternehmensgründung eingegangen. Daher wollen wir Sie in diesem Kapitel für Stolperfallen sensibilisieren und Ihnen praktische Tipps geben, wie Sie diese umgehen können. Dazu werden wir zur Illustration von Existenzgründern berichten, die das Abenteuer Innovation leider aufgeben mussten. Dass es anders geht, haben die Erfolgsgeschichten unserer Best-Practice-Unternehmen gezeigt. Wir wollten von Jungunternehmern wissen:[5]

— Beobachten Sie genau den für Sie interessanten Markt?
— Konnten Sie aus diesen Beobachtungen heraus eine Marktnische identifizieren?
— Haben Sie schon ein Team zusammengestellt?

Sie antworteten alle mit einem klaren Ja. Im Lauf der Gespräche konnten wir gemeinsam weitere Hindernisse identifizieren, die im Fall der Tabuisierung zu fatalen Fehlern hätten führen können. Offenheit für Kritik, das zeigte gerade das Beispiel von Dr. Stefener, ist ein ganz ent-

---

5   Meyer, W. (2006): *Journey towards success*. European Patent Office.

scheidender Faktor dafür, eine Idee erfolgreich zu verwerten, sie tatsächlich zur Innovation werden zu lassen.

Die Gründe für ein Scheitern, die wir hier nennen, beruhen auf den Angaben im Buch von Sandra Bonnemeier aus dem Jahr 2008.[6]

Tipp: Behalten Sie die Gründe des Scheiterns immer im Hinterkopf, vor allem bei der Erstellung Ihres Businessplans. Entwickeln Sie dabei ein für Ihr Modell adaptiertes Risikosystem.

1.4.1 Geldmangel: Wenn die Finanzmittel fehlen

Laut den Ergebnissen der Studien sind Finanzierungsmängel mit circa 70 Prozent der absolute Spitzenreiter bei den Gründen für das Scheitern einer Geschäftsidee. Ohne ein professionelles Finanzmanagement stehen Sie auf verlorenem Posten, denn Liquidität ist von entscheidender Bedeutung.

Ein typischer Fehler ist eine zu knappe Kalkulation der Anlaufphase des Projekts, um potenziellen Investoren oder kapitalgebenden Banken kein allzu teures Projekt zu präsentieren. Die Folgen können fatal sein! Im schlimmsten Fall kann die Entwicklung der Nullserie oder eines Prototyps nicht beendet werden, weil der Geldhahn schlichtweg zugedreht wird. Ein weiterer Fehler ist, dass Gründer sich zu spät um die Anschlussfinanzierung eines laufenden Projektes kümmern und das Unternehmen aus Geldmangel scheitert.

---

6 Bonnemeier, S. (2008): *Praxisratgeber Existenzgründung. Erfolgreich starten und auf Kurs bleiben*. München

Bad-Practice-Beispiel: Ein Forscherteam von Pharmakologen, ausschließlich Fachleute, entwickelte in vitro ein neuartiges Präparat für Patienten, die unter den Folgen schwerer äußerer Verletzungen leiden. Die Innovation wurde als Patent gleich auf mehreren Kontinenten angemeldet. So weit, so gut. Doch leider erfolgte keine weitsichtige Berechnung des Kapitalbedarfs während der Forschungs- und Entwicklungszeit. Unter Einsatz von Unmengen eigener Kapitalrücklagen trieb man die Idee weiter voran. Da der Businessplan alles andere als transparent und nachvollziehbar war, beschränkte sich der Kreis der interessierten Kapitalgeber auf eine einzige Bank, die den Kreditrahmen unserer Vermutung nach nicht aufgrund des vorgelegten Businessplans, sondern aufgrund der vorhandenen Sicherheiten bemaß. Längst haben andere Pharmafirmen Parallelprodukte entworfen und auf dem Markt positioniert.

Das wäre vermeidbar gewesen. Mit einer entsprechend professionellen Aufbereitung der Idee in Form eines durchdachten Businessplans wäre es dem Team wahrscheinlich gelungen, eine ausreichende Finanzierung über Risikokapitalgeber zu realisieren.

Riskmanagement-Tipp: »Nicht kleckern, sondern klotzen!« So lautet eine bekannte Volksweisheit. Wir sagen: Kleckern Sie bei den administrativen Kosten und klotzen Sie bei den Entwicklungskosten in Ihrem Finanzplan.

Verzichten Sie gerade zu Beginn auf kostspielige Administrativkosten (den bekannten Firmenwagen, die neue Produktionshalle et cetera). Das alles ist in der Regel in den ersten beiden Gründungsphasen Luxus, den Sie sich nicht leisten können!

Investieren Sie während der Planungsphase in die Entwicklung realistischer Arbeitspakete. Leiten Sie prognostizierbare Werte wie Arbeitstage und Gehaltsgruppen ab. Ein Beispiel: X Forscherarbeitstage zum Tagessatz von X_1, Y Monteurtage zum Tagessatz von Y_1. Lassen Sie sich bei Bedarf dabei von einem Finanzspezialisten – aus Ihrem Team oder von außen – unterstützen (siehe Kapitel 3). So stellen Sie sicher, dass Ihr Businessplan logisch und nachvollziehbar wird. Das sind wichtige Kriterien, nach denen Kapitalgeber Ihre Geschäftsidee bewerten.

1.4.2 Ignoranz und Unwissenheit: Wenn Informationen fehlen

Es hat sich gezeigt, dass Informationsdefizite ein Hauptrisiko für das Scheitern darstellen.[7] Das deckt sich mit den Ergebnissen unserer persönlichen Befragung, bei der viele der Befragten angaben, dass sie zu wenige Informationen über öffentliche Förderungen, den Umgang mit Kapitalgebern und allgemein zum Thema Start-up hätten. Darüber hinaus können Informationsdefizite genauso gut aus Fehlern in der eigenen Kommunikation entstehen.

Seit Mitte/Ende der 1990er-Jahre haben Ministerien, Wirtschaftskammern und Banken damit begonnen, diese Informationsdefizite schrittweise abzubauen. Gerade die Vielzahl der in dieser Zeit aus der Taufe gehobenen Ideen- und Businessplan-Wettbewerbe belegt dies. Was dann folgte, war eine regelrechte literarische Informationsflut in Gründungsangelegenheiten. In Österreich wurde das Informationssystem beispielsweise durch die Implementierung sogenannter »A+B-Zentren« (Academic plus Business) verbessert, an die sich jeder Gründungsinteressierte wenden kann. Diese A+B-Zentren spezialisierten sich auf die Verwertung von Intellectual Property (geistiges Eigentum). Ähnliche Systeme finden sich in Deutschland und der Schweiz, ebenfalls jeweils als regionale Angebote. In Bayern sind das unter anderem

---

7   Meyer, W. (2006): *Journey towards success*. Munich, European Patent Office. Dowling, M. (2003): »Erfolgs- und Risikofaktoren bei Neugründungen«, in: Dowling, M./Drumm, H.-J. (2003): *Gründungsmanagement. Vom erfolgreichen Unternehmensstart zu dauerhaftem Wachstum*. Heidelberg/Berlin, S. 26.

die Bayerische Patentallianz, die Ihnen auf dem Patentierungs- und Vermarktungsweg helfen kann, oder die Handwerks- und Wirtschaftskammern.

Bad-Practice-Beispiel: Jemand glaubte, eine innovative Idee im handwerklichen Bereich zu haben. Der erste Fehler: Der Ideeninhaber führte nur eine oberflächliche, unzureichende Recherche durch, bevor er zu einem Patentanwalt ging. Der zweiter Fehler: Der Jurist recherchierte nicht, weil er sich auf die Angaben des Gründers verließ. Die Folge: Diese Erfindung war schon bekannt, die Patentierung gelang nicht, und der Gründer blieb auf allen Kosten sitzen. Unglücklicherweise hatte er zu allem Überfluss auf die kostenlose Vorprüfung der Handwerkskammer verzichtet und sein Haus mit 45 000 Euro belastet. Was aus dieser puren Beratungsresistenz und dem resultierenden Informationsdefizit folgte, war unter anderem die Zwangsversteigerung des Hauses.

Riskmanagement-Tipp: Es gibt mittlerweile eine Vielzahl von Informationsmöglichkeiten und Hilfestellungen für Start-up-Unternehmer. In Kapitel 2 werden Sie viele Formen der Recherche kennenlernen. Neben Online-Angeboten und Printmedien gibt es auch Berater, die Ihnen bei Ihren ersten Schritten in die Selbstständigkeit zur Seite stehen (teils sogar kostenlos). Deutschland, Österreich und die Schweiz verfügen mittlerweile über ein sehr dichtes Informationsnetzwerk, meist sehr kostengünstig oder sogar kostenneutral. Die Devise lautet: Es gibt keine Informationsdefizite mehr, sondern lediglich schlechte (eigene) Recherchen!

1.4.3 Kompetenzmangel: Wenn Qualifikationen fehlen

Immerhin nahezu die Hälfte der Befragten (48 Prozent) entdeckte im Laufe der Pre-Seed- und gegebenenfalls Seed-Phase eigene Qualifikationsmängel.

Unter Qualifikationen versteht man fachliche, methodische und soziale Kompetenzen. *Fachlicher Qualifikationsmangel* liegt vor, wenn der Gründer erkennt, dass ihm die Arbeit schlichtweg über den Kopf wächst: Das eigene Fachwissen reicht nicht aus, um die Idee bis zur Nullserie oder bis zum Prototyp zu bringen. Im Prinzip stellt dieser Mangel ein eher geringes Problem dar, denn fachliche Leistungen können extern eingekauft werden. *Methodische Qualifikationsmängel* signalisieren mit hoher Wahrscheinlichkeit inhaltliche oder strukturelle Planungsdefizite. Das Problem in der Seed- und Start-up-Phase ist, dass der Projektinitiator eine klare Strategie haben muss. Ansonsten läuft er Gefahr, die Fäden zu einem Zeitpunkt aus der Hand zu geben, der ungünstig oder sogar riskant für das Gesamtprojekt ist. Wir gehen hierauf im Kapitel 3 genauer ein, da wir unter Methode das strukturelle und systematische Vorgehen beim Projektmanagement verstehen. Die Qualität eigener *sozialer Kompetenzen* wird oft falsch eingeschätzt. Im privaten und auch beruflichen sozialen Umfeld eines Teams akzeptiert zu sein ist nicht mit Führungsqualifikation gleichzusetzen. Es ist im Vorfeld wenigen Gründern bewusst, was es tatsächlich heißt, ein Unternehmen zu gründen, Mitarbeiter zu führen und zu motivieren, schwierige Situationen zu meistern und Stress zu bewältigen. Auf diesen zentralen Bereich gehen wir sowohl in Kapitel 2 als auch in Kapitel 3 ein.

Bad-Practice-Beispiel: Ein Ideeninhaber aus dem Bereich Lifesciences bat um Unterstützung bei der Vermarktung seines Produkts. Informationen hatte er bereits im Internet zur Einsicht vorbereitet, sein Produkt war ebenfalls patentiert. Die Idee hatte Potenzial und wäre durchaus ausbaufähig gewesen: Durch den imposanten wissenschaftlichen Werdegang dieses Ideeninhabers bestand an den fachlichen Qualifikationen kein Zweifel. Auch die Ergebnisse seiner Marktanalyse lieferten positive Indizien. Produktionsstätten für das patentierte Produkt waren ebenfalls vorhanden.

Die Defizite lagen vorwiegend im Bereich der methodischen und sozialen Kompetenzen. Der Ideeninhaber wollte nur den Vertrieb auslagern. Daher sollte der gesuchte Service mit der Idee und deren Entwicklung überhaupt nichts zu tun haben. Was hier fehlte, war die Bereitschaft, potenzielle Partner ins Boot zu holen. Mangelnde Informations- und Kooperationsbereitschaft sowie fehlende Teamfähigkeit waren deutlich zu erkennen. Der Unternehmer hatte die fixe Vorstellung, allein und als unumstrittene Führungsperson sein Projekt durchzusetzen. Mit dieser Einstellung machte er sich keine Freunde. Nach ersten Absagen einiger Zwischenhändler wollte er die Steuerung des Marketing- und Distributionsnetzes selbst übernehmen – jedoch ohne entsprechendes Fachwissen. Ohne Frage war der Ideeninhaber ein exzellenter Wissenschaftler, doch ihm fehlte schlichtweg die Erfahrung, wie man ein Produkt erfolgreich auf dem Markt etabliert. Diesen Qualifikationsmangel konnte er sich nicht eingestehen. Die Folge: Mittlerweile musste diese Firma letzten Recherchen zufolge leider Insolvenz anmelden.

Riskmanagement-Tipp: Oft fällt es schwer, eigene Defizite zuzugeben – erst recht vor potenziellen Mitstreitern. Doch ein ehrlicher und offener Umgang miteinander ist für ein Team in der Gründungsphase ein entscheidender Erfolgsfaktor. In der Existenzgründungsliteratur finden Sie viele Texte und Selbsteinschätzungsbögen zum Thema Unternehmenspersönlichkeit.

Gehen Sie mit Ihrer Idee und Ihrem Lebenslauf auch zu unabhängigen Personen oder Institutionen, die aus der Start-up-Szene kommen, und lassen Sie einen objektiven Blick auf Ihr Vorhaben zu. Sie können nur davon profitieren. Entsprechende Beratungsstellen und Netzwerke gibt es in Deutschland, Österreich und der Schweiz. Oftmals sind die ersten Beratungen kostenlos. Gründungswillige erhalten wesentliche Impulse und bekommen einen professionellen Spiegel vorgehalten – basierend auf langjähriger Beratungspraxis und einer Analyse ihrer Stärken und Schwächen, zum Beispiel mittels einer SWOT-Analyse der Stärken (*strengths*), Schwächen (*weaknesses*), Chancen (*opportunities*) und Gefahren (*threats*). Derlei Grundlagengespräche können bei der weiteren Entwicklung geplanter Unternehmen sehr hilfreich sein.

1.4.4 Planungsmängel: Wenn alles drunter und drüber geht

Knapp ein Drittel der Gründer (30 Prozent) stellte in der Studie rückblickend eigene Mängel bei ihrer Planung aufgrund mangelnder Kommunikation fest. Risikofaktoren sind durch eine präzise und vorausschauende Planung aber deutlich besser zu identifizieren. Risikoanalysen und Risikomanagement helfen dabei, Defizite rasch auszugleichen. Dies ist übrigens eine Routinefunktion Ihres zukünftigen internen Controllings.

Um die Realisierung Ihrer Idee voranzutreiben, bedarf es einer phasenweisen Planung und eines Frühwarnsystems. In Kapitel 3 lernen Sie Tools zum Projektmanagement kennen, die Ihnen dabei helfen sollen, stets das gesamte Projekt im Blick zu haben.

Bad-Practice-Beispiel: Jemand hatte die Idee, ein bestehendes Kleinstunternehmen im maritimen Bereich zu übernehmen und – um Innovationen und Angebotsportfolio erweitert – zu führen.

Beraten ließ er sich dabei ausschließlich im privaten Umfeld, was in diesem Fall gehörig schiefging. Kritische Hinterfragung der Idee und Hilfe bei der Analyse des Marktes et cetera gab es hier nicht. Gewissenhafte Planung und solides Projektmanagement waren dem Ideeninhaber wohl kein Begriff. Es kam, wie es kommen musste: Sämtliche relevanten Parameter – von der Marktexploration über die Übernahmeverhandlung bis hin zum Kapitalbedarf – wurden falsch eingeschätzt, es kam zur verfrühten Gründung des Unternehmens. Ein Unterfangen, das von vornherein zum Scheitern verurteilt war.

Riskmanagement-Tipp: Mit ordentlicher Projektplanung erkennen Sie Risiken frühzeitig und können entsprechend reagieren. Nehmen Sie sich in der Pre-Seed- und Seed-Phase genug Zeit, Ihr Vorhaben von allen Seiten zu beleuchten. Ziehen Sie sowohl private als auch professionelle Ratgeber hinzu. So schaffen Sie eine sichere planerische Grundlage für Ihre späteren Entscheidungen in Phasen, die dann nicht mehr kostenneutral sind.

1.4.5 Überschätzung: Wenn Erwartungen zu hoch sind

Ein klassischer Planungsfehler ist die Überschätzung der Betriebsleistung vor allem in der Entwicklungszeit, bis Sie gewisse Meilensteine hinsichtlich des Prototyps oder der Nullserie erreicht haben. Später betrifft die Betriebsleistung oft den Gewinn oder die produzierten beziehungsweise abgesetzten Stückzahlen.

Das Risiko »Überschätzung der Betriebsleistung« wurde immerhin von 20,9 Prozent der Befragten genannt. Für den Businessplan müssen Sie Ihre Betriebsleistung einschätzen. Dabei kann es aus unterschiedlichen Gründen zu Überschätzungen kommen. Wir greifen exemplarisch zwei Ursachen heraus. Zum einen wird der Markt oft unzureichend analysiert. Bei technischen Innovationen wird – das zeigen die Analysen vieler Businesspläne – von einer viel zu schnellen Marktdurchdringung ausgegangen. Doch Pionierprodukten treten potenzielle Kunden wesentlich skeptischer gegenüber als etablierten. Das heißt: Selbst wenn Sie in der Lage wären, mehr zu produzieren, fehlt anfangs die nötige betriebliche Auslastung. Die zweite Ursache für die Überschätzung der Betriebsleistung im Bereich technischer Innovationen liegt in der zu optimistischen Einschätzung der technischen Entwicklungsleistung während der Pre-Seed- und Seed-Phase.

Bad-Practice-Beispiel: Die Inhaber eines Start-up-Unternehmens in einer dicht bewohnten Hochhaussiedlung gingen davon aus, hier gäbe es ausreichend Kundenpotenzial für ein neues Internetcafé. In der Nähe befanden sich ein großes Seniorenwohnheim, eine Schule sowie eine gut frequentierte Einkaufspassage. Vordergründig betrachtet ein perfekter Standort. Die drei Gründer – allesamt Selfmade-ITler – siedelten hier nun ihr Internetcafé an und wollten die Kunden mit unschlagbar günstigen Preisen locken. Sie kalkulierten einen niedrigen Tarif mit 1,50 Euro pro Stunde für die Internetsurfer. Dabei gingen sie von einer nahezu hundertprozentigen Auslastung der PCs in Verbindung mit dem günstigen Flatrate-Vertrag aus. Der Businessplan bewies: Bei voller Auslastung aller 12 Rechner kommt man bei einem 12-Stunden-Tag auf Einnahmen in Höhe von 216 Euro, im Monat macht das 6 696 Euro und ergibt einen jährlichen Gesamtumsatz in Höhe von 80 352 Euro. Das reicht doch, oder? Weit gefehlt! Denn allein an Mieten gingen jährlich 18 000 Euro ab, 12 000 Euro für Versicherungen und 6 000 Euro an sofort zu zahlenden Zinsleistungen für den Gründungskredit. Als im dritten Jahr dann noch die Tilgung des Existenzgründerkredits einsetzte und abermals mit 6 000 Euro zu Buche schlug, zerriss es das Unternehmen endgültig. Von Steuern, Leasing-Kosten et cetera ganz zu schweigen.

Als fataler Fehler erwies sich die ungenaue Standortanalyse, die mit als Grundlage zur Berechnung der Betriebsleistung gedient hatte: Die

Bewohner der Hochhaussiedlung waren vornehmlich Besserverdiener, die selbst über einen Internetanschluss verfügten. Im Seniorenheim war die Klientel ähnlich. Dort gab es neben einem PC-Schulungsraum sogar einen Internetraum. Hier bestand also kein Bedarf für ein Internetcafé. Hätten sich die drei Gründer vor Aufnahme ihres Geschäftsbetriebs einfach einen Tag lang in die Einkaufspassage gestellt und dabei nur 50 Passanten befragt, hätten sie wahrscheinlich schnell herausbekommen, dass die Auslastung ihrer PCs nur bei 5 bis maximal 10 Prozent liegen kann. Außerdem wurden Umsätze und daraus resultierende Gewinne viel zu positiv eingeschätzt, da realistische Umsatzzahlen (in dem Fall über die Auslastung der Computer) nicht vorlagen.

Zu hohe Gewinnerwartungen und zu geringe Kostenansätze führen allzu häufig zu einem zu geringen Finanzierungsbedarf auf planerischer Ebene. Die Folge ist, dass viele gute Ideen aufgrund der zu geringen Kapitaldecke auf der Strecke verdursten.

Riskmanagement-Tipp: Setzen Sie sich und Ihre Arbeit gerade in der Projekt- und Start-up-Phase nicht zu sehr unter Zeitdruck. Beweisen Sie im Vorfeld den planerischen Mut, Ja zu zwischenzeitlichen Fehlentwicklungen zu sagen, indem sie diese beispielsweise bei der großzügigen Kalkulation der Arbeitstage pro Arbeitspaket berücksichtigen. Beurteilen Sie gerade in der Seed-Phase Ihre Absatzmärkte präzise, indem Sie alle zur Verfügung stehenden Quellen im Bereich Ihres potenziellen Absatzmarktes analysieren. Führen Sie ein Risikoanalyse- und Risikomanagementsystem ein, mit dem Sie die Betriebsleistung und eventuelle Abweichungen analysieren und Gegenmaßnahmen frühzeitig einleiten.

1.4.6 Persönliche Krisen: Wenn der Haussegen schief hängt

Immerhin ein knappes Drittel (30 Prozent der Befragten) gab familiäre Probleme als Hauptgrund des Scheiterns an. Viele Existenzgründer führt der Weg in die Selbstständigkeit zunächst auf dünnes Eis: weg von sicheren Einnahmen hin zu schlecht kalkulierbaren Risiken. Da beginnt die Suche nach Firmenkapital zuerst in der Verwandtschaft und im engeren Freundeskreis. Nur zu oft wird ein solches privates Darlehen zur zentnerschweren Bürde für die Beziehung. Häufig scheitert eine Existenzgründung aufgrund familiärer Probleme, weil das Vertrauen missbraucht oder nicht offen über Risiken gesprochen wird. In der Fachwelt wird von den drei »F« gesprochen: Family, Friends und Fools.

Bad-Practice-Beispiel: Ein Start-up-Unternehmer stieg ohne sorgfältige Recherche bei einer etablierten Bäckereikette als Franchisenehmer ein. Seine Frau unterstützte ihn finanziell, indem sie eine Lebensversicherung auflöste. Die fehlende Standortanalyse vor Ort brach dem Franchisenehmer das Genick: Er hatte nicht beachtet, dass sein Laden in einem Supermarkt lokalisiert war. Die lukrative Lage neben U- und S-Bahn-Station behielt der Konzern selbst in der Hand. Und das aus gutem Grund: Hier wurde der Umsatz gemacht, der Laden im Supermarkt lief schlecht. Letztlich kam es, wie es kommen musste. Der Mann war eines Tages ver-, dann überschuldet. Das Hab und Gut der Familie wurde verpfändet. Die Beziehung war aufgrund der ökonomischen Situation längst zerbrochen. Frau und Kinder gaben ihm die Schuld an der Misere. Das tragische Ende dieser Unternehmergeschichte: Als die Frau mit den Kindern ausgezogen war, beging der enthusiastische Existenzgründer von einst Selbstmord.

Riskmanagement-Tipp: Schon in der Pre-Seed-Phase belasten Sie Ihr privates soziales Umfeld, denn meist werden Freizeitaktivitäten zugunsten des Projekts zurückgestellt. Achten Sie darauf, dass Sie mit Ihrer Familie oder Ihrem Partner offen kommunizieren. In einer funktionierenden Partnerschaft sollten die sozialen Aspekte im Vorfeld klar besprochen und finanzielle Risiken generell minimiert sein.

Stürzen Sie sich nicht kopfüber in finanzielle Probleme, das heißt, schieben Sie den finanziellen Teil der Existenzgründung so weit wie möglich nach hinten. Damit vermeiden Sie eine frühzeitige Kapitalbindung fremden, geliehenen Kapitals. Die Planung ist zunächst vorrangig (Pre-Seed-Phase) und kommt ohne nennenswerte Kosten aus. Erst wenn die Idee ausgereift ist, müssen Sie sich gewissenhaft um die Finanzierung kümmern. Halten Sie Familie und Freunde am besten weitgehend aus der finanziellen Seite Ihres Unternehmens heraus. Nicht ganz unbegründet handeln viele Börsianer nach dem Grundsatz OPM, also »Other People's Money«. Riskante Geschäfte wickeln diese Damen und Herren nahezu ausschließlich mit dem Geld anderer Menschen ab.

Den Spruch »Selbstständigkeit heißt selbst und ständig arbeiten« haben Sie sicher auch schon gehört. Doch dauerhafte (psychische) Überlastung kann zu einer ernst zu nehmenden Krankheit führen, Burn-out-Syndrom genannt.[8] Wenn Sie feststellen, dass Sie eigentlich nur noch arbeiten, ständig müde, angespannt und gereizt sind und gar nicht mehr richtig abschalten können, um Ihr Privatleben zu genießen, sollten spätestens die Warnlichter angehen! Engagement und Hingabe sind völlig in Ordnung, und als Jungunternehmer in der Anfangsphase müssen Sie sicher viel Zeit und Energie in Ihre Geschäftsidee stecken – doch vergessen Sie darüber bitte nicht sich selbst und Ihre Bedürfnisse. Managen Sie Ihre Arbeitszeit und blocken Sie Zeiten für Ihre persönlichen Freiräume, indem Sie zum Beispiel private Termine wie

---

8   Cassens, M. (2003): *Work-Life-Balance. Wie Sie Berufs- und Privatleben in Einklang bringen.* München.

ein Essen mit dem Partner, einen Ausflug ins Grüne mit Freunden oder den Besuch im Fitness- oder Massagestudio fest in Ihren Kalender eintragen.

1.4.7 Produktpiraterie und Plagiate: Wenn Ideen dreist geklaut werden

Da es nach dem Diebstahl von geistigem Eigentum nicht zur Existenzgründung kommt, fehlen hier empirische Daten. Was im »Konzert der Großen« als Marken- und Produktpiraterie bekannt ist, passiert oft genug im kleinen Rahmen. Es gibt viele denkbare Szenarien: Zwei Doktoranden arbeiten gemeinsam an einer Forschungsidee, zwei Handwerker entwickeln gemeinsam ein neues Produkt ... Einer der Partner verwertet die gemeinsame Idee allein – und der andere steht als der »Dumme« da und fühlt sich zu Recht betrogen. Genauso gut ist es möglich, dass jemand in gemütlicher Runde offenherzig Bekannten und Freunden von seiner genialen Idee oder Entwicklungsarbeit erzählt. Irgendwo findet sich schon ein Schmierblatt oder ein Bierdeckel – und schon ist die Idee Lokalgespräch. Vertraulichkeit und Verschwiegenheit? Fehlanzeige!

Bad-Practice-Beispiel: Ein Entwickler im Bereich der Erwachsenenbildung entwickelte ein modulares System für ein betriebswirtschaftliches Seminar für Nicht-Betriebswirte mit Power-Point-Folien für die Unterrichtseinheiten und Skripten für insgesamt 15 Module. Große deutsche und ein österreichischer Bildungsträger bekundeten reges Interesse an einer Lizenzierung des Systems. Die Verhandlungen scheiterten letzten Endes, weil ein vertrauter und zudem langjähriger Mitarbeiter alle Unterlagen minimal verändert und diese selbst zu einem Dumpingpreis angeboten hatte.

Riskmanagement-Tipp: Bewahren Sie Ihr Geheimnis sorgfältig! Generell gehören Betriebsgeheimnisse wie Erfindungen nicht an einen Bier- oder Weintisch – egal ob privat oder öffentlich. Ernsthafte Gespräche sollten Sie ausschließlich in entsprechender geschäftlicher Atmosphäre und *nach* der Unterzeichnung einer Verschwiegenheitserklärung führen. Beugen Sie dem Ideenklau ggf. durch Weglassen von Details vor. Eine Verschwiegenheitserklärung (englisch *confidential agreement*) erhalten Sie zum Beispiel bei Ihrer Bank automatisch, wenn es um eine Geschäftsgründung im Bereich technischer Innovationen geht. Warum sollten dann nicht auch Ihre Bekannten, Mitarbeiter und Freunde ein solches Dokument unterzeichnen? Auch wenn es Ihnen vielleicht unangenehm ist: Sprechen Sie das Thema an. Wenn jemand nicht bereit ist, eine Unterschrift zu leisten und sofort auf die »besondere Vertrautheit« abhebt, stellt sich die Frage, ob der-/diejenige wirklich Gutes im Schilde führt.

1.5   Zusammenfassung

Die Best-Practice-Beispiele weisen unsere praxisnahen zehn Merkmale erfolgreicher Gründer in exzellenter Weise auf, von den Hightech-Innovationen Dr. Stefeners und Herrn Soyers bis zu den Patentgruppen der Firma Klappex. Tipp: Suchen Sie den persönlichen Kontakt zu Gründern, beispielsweise über die für Sie zuständige Handwerks- oder Handelskammer oder die Ansprechpartner von Businessplan-Wettbewerben. Man wird Ihnen dort sicherlich Best-Practice-Ansprechpartner aus Ihrer Region nennen können. Sammeln Sie bei solchen Gesprächen Erfahrungen über die Motivation, den Spirit, die Ausdauer und die Zielstrebigkeit derjenigen, die beim Abenteuer Innovation bereits ein Stück weiter sind als Sie.

2
Pre-Seed-Phase: Gute Vorbereitung ist das A und O

Ziel dieses Kapitels

— Unterziehen Sie Ihre Idee in einem ersten Schritt einer sorgfältigen Prüfung – ohne hohe Kosten.

Detailziele

— Schulen Sie sich im Umgang mit unterschiedlichen Recherchequellen.
— Erkennen Sie grobe Unterschiede von Patenten & Co und wenden Sie dieses Wissen auf Ihre eigene Idee an.
— Fassen Sie Ihr Vorhaben zusammen, um damit an erste Gesprächspartner heranzutreten: Erstellen Sie Ihr Exposé.
— Lernen Sie die Vor- und Nachteile von Vertraulichkeitserklärungen kennen.

Bereits ein französischer Schriftsteller aus dem 16. Jahrhundert formulierte die Reaktion Dritter auf neue Ideen und Innovationen treffend:

> Wohin ich auch zu gehen gedenke,
> so muss ich doch erst immer einen Schlagbaum
> der Gewohnheiten freimachen,

so sorgfältig haben sie alle unsere Straßen verrammelt.

Michel de Montaigne (1533–1592)

Überzeugungsarbeit ist neben der eigentlichen Ideenentwicklung Ihre Hauptaufgabe in dieser Phase. In den wenigsten Fällen lassen sich »Schlagbäume der Gewohnheiten« gleich bei ersten Gesprächen mit Banken oder Investoren niederreißen. Mit großer Ausdauer und Überzeugungskraft nach unserer Erfahrung hingegen schon. Jedoch haben Sie nur dann Aussicht auf Erfolg, wenn Sie sich Ihrer Idee sicher sind. Es ist bestimmt kein Zufall, dass 57 Prozent der großen Ideen aus der Branche stammen, in der die Erfinder selbst beruflich tätig sind. Weitere 23 Prozent der Innovationen sind in beruflich artverwandten Bereichen[9] angesiedelt. Häufig handelt es sich dabei um technische Neuerungen, die tägliche Arbeitsabläufe verbessern, sicherer machen oder erleichtern.

Den Werdegang der Firmen Klappex und Soyer kennen Sie bereits. Hier haben die Ideeninhaber ihren Berufsalltag genau beobachtet und dadurch unbesetzte Marktnischen entdecken können. Die Weiterentwicklung der Ideen führte zum wirtschaftlichen Erfolg. Weitere Beispiele:

— Ein Dachdecker entwickelte für seinen Berufsstand ein patentiertes Sicherheitssystem, welches das Unfallrisiko auf den Dächern bei schlechtem Wetter erheblich verringert.

— Ein Haussanierer entdeckte eine Möglichkeit, wie asbestverseuchte Platten von Hauswänden entfernt werden können, ohne dass giftige Schwebeteilchen frei in die Umwelt gelangen.

9   Bonnemeier, S. (2008), S. 36.

Solche branchenspezifischen, patentierten Erfindungen, die in Unternehmensgründungen münden, sind keine Seltenheit.

Zur Orientierung: Sie befinden sich am Anfang unseres Vier-Phasen-Modells, in der Pre-Seed-Phase. Am Ende dieser Phase haben Sie eventuell schon erste öffentliche Finanzierungsmittel generiert, um ein Modell nach Ihrer Idee in Fremdarbeit anfertigen zu lassen. Der Fachbegriff »Pre Seed«, bedeutet ins Deutsche übersetzt so viel wie »Vor Saat«. Die Metapher des Saatguts in seinem individuellen Wachstum soll damit auf entstehende Unternehmen übertragen werden.

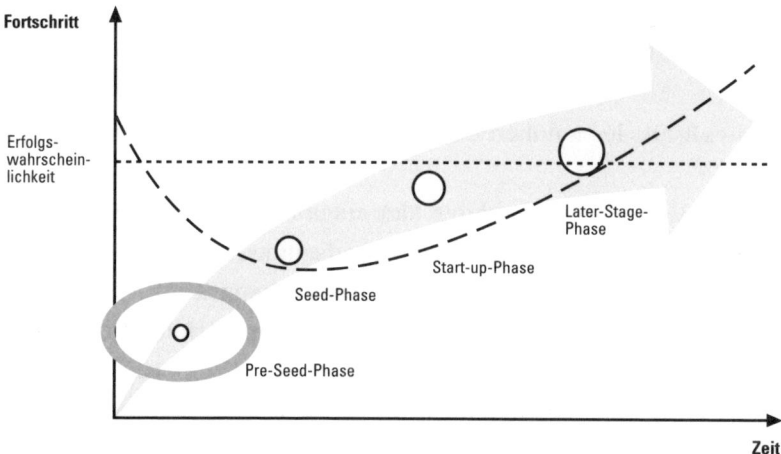

Abbildung 2: Pre-Seed-Phase als erster Schritt auf dem Weg zur Unternehmensgründung. Die Abbildung zeigt, dass die Erfolgswahrscheinlichkeit anfangs aufgrund von Geldmangel oder fehlender Neuartigkeit der Idee abnimmt.

In diesem Kapitel erfahren Sie, wie Sie Ihre Idee auf Herz und Nieren prüfen. Am Ende sollten Sie in der Lage sein, eine Entscheidung für den weiteren Verlauf zu fällen. Drei Handlungsalternativen stehen zur Auswahl.

Handlungsalternative 1: Unternehmensgründung. In der deutschsprachigen Gründerszene gibt es eine lange Liste von Persönlichkeiten, die das Abenteuer Innovation und somit den Schritt ins Unternehmertum wagten, zum Beispiel Junkers, Siemens, Bosch, Kaplan oder Lindt. Zu dieser Gruppe zählen auch die Ideeninhaber aus Kapitel 1.

Allen gelang es mit Bravour,

— erfinderische Gedanken hervorzubringen,
— wissenschaftlich versiert zu entwickeln,
— technisch umzusetzen und
— zur Marktreife zu bringen.

All dies führte letztendlich zum ökonomischen Erfolg.

Welche Gründe sprechen dafür, sich eines Tages selbstständig zu machen? Eine pauschale Antwort zu geben ist hier undenkbar. Fragen Sie sich selbst kritisch, ob Sie zu diesem Schritt bereit sind. Natürlich ist ein Selbstständiger Hauptnutznießer seiner wirtschaftlichen Gewinne. Dafür geht er aber auch hohe (finanzielle) Risiken ein. Das Argument hingegen, unabhängig zu sein, hinkt in unseren Augen ein wenig. Denn niemand ist schlussendlich abhängiger von direkten Entscheidungsprozessen potenzieller und tatsächlicher Kunden als ein Unternehmer, vor allem ein Neugründer mit Produktinnovationen, die sich erst noch durchsetzen müssen.

Handlungsalternative 2: Lizenzierung, also der Verkauf einer Idee oder eines Prototyps an ein interessiertes Unternehmen. Zahlreiche Unternehmen betreiben bereits erfolgreich sogenanntes Ideen-Scouting. Hierbei wird versucht, kreative Potenziale unter anderem an Universitäten zu entdecken und Wissenschaftler für unternehmerisches

Denken und für Ausgründungen zu sensibilisieren. Dies geschieht über aktive Recherche und direkte Kontaktaufnahme mit potenziellen Ideenträgern. In der Praxis sieht es so aus, dass eine geniale Idee ausreicht, um über Lizenzgebühren vergütet zu werden. Im Falle der Realisierung erhält der Ideengeber eine Umsatzbeteiligung in Höhe von drei bis zehn Prozent. Bedenken Sie, dass sich bereits erprobte Produkte oder Dienstleistungen bei Lizenzverhandlungen in der Regel zu deutlich besseren Konditionen verkaufen lassen als unerprobte. Sie müssen sich auch nicht sofort für oder gegen eine Lizenzvergabe entscheiden. Die letztlich erfolgreiche Lizenzierung bei Klappex zeigt beispielsweise, dass Lizenzierungen zu späteren Zeitpunkten der Unternehmensentwicklung ebenfalls interessant und lukrativ sein können.

Handlungsalternative 3: Idee verwerfen. Seien Sie offen für die Möglichkeit, eine Idee schlichtweg in den Papierkorb zu werfen. Wenn sich herausstellt, dass zum Beispiel technische Grenzen die Realisierung des Projekts verhindern, keine oder nicht ausreichend große Käufermärkte für die Innovation identifiziert werden können oder jemand anders die Idee bereits umgesetzt hat, lautet die Devise: Finger weg! Etwa 30 bis 50 Prozent aller Produktentwicklungen weisen Überlappungen mit bereits existierenden, auf dem Markt etablierten Produkten auf. Beharren Sie auf der Realisierung Ihrer Idee, passiert ab Markteinführung höchstwahrscheinlich Folgendes: Zu einem sehr frühen Zeitpunkt beginnt eine gnadenlose Preisschlacht mit Ihren Mitbewerbern. Und dabei haben Sie als Neuling in den meisten Fällen die schlechteren Karten.

2.1   Ausgangsposition: Startschuss für das Abenteuer Innovation

Abenteuer Innovation begleitet Sie vor allem bei Handlungsalternative 1, der Existenzgründung. Bevor es nun an das Bearbeiten erster Arbeitspakete geht, möchten wir einige Denkanstöße geben. Behalten Sie folgende Zahl im Hinterkopf: 80 Prozent der erfolgreichen Existenzgründungen sind nicht aus revolutionär neuen Ideen heraus entstanden,[10] sondern häufig aus Alltagsbeobachtungen im beruflichen Kontext, die zu neuen Ideen und Produkten führten. Solche Modifikationen[11] betreffen zum Beispiel:

— *Eine Änderung des Designs.* Hierbei gestalten Sie die Form, Farbe oder Verpackung eines Produkts um (zum Beispiel zur Verbesserung der Aerodynamik) oder verwenden ein anderes Material (zum Beispiel zur Verbesserung einer bestimmten Beschaffenheit).
— *Eine Vergrößerung.* Ob der Arbeitsspeicher des Computers oder die Reichweite von Autos, gerade im technischen Bereich haben neue Ideen sehr häufig das Ziel der Leistungssteigerung.
— *Eine Verkleinerung.* Alles, was minimiert oder reduziert wird, zum Beispiel im Drehzahlbereich oder wie bei Dr. Stefener die Verkleinerung der Brennstoffzelle.
— *Eine neuartige Kombination bereits bestehender Komponenten.* Die Kombination bekannter Stoffe kann zu neuen, unerwarteten Effekten führen. Daraus können sich neue Ideen, Produkte und möglicherweise Patente ergeben.

10   Vgl. Bonnemeier (2008), S. 43.
11   Vgl. Bonnemeier (2008), S. 43.

Achtung: Bei all diesen Modifikationen kommt es unter Umständen zu Patentverletzungen! Recherchieren Sie daher im Vorfeld sehr gründlich und lassen Sie sich vorsichtshalber professionell beraten, bevor Sie Ihre Idee/Ihr Produkt weiterentwickeln.

Natürlich gibt es auch realisierbare Konzepte, die nicht an ein spezielles Produkt gebunden sind. Denken Sie an die vielfältigen Möglichkeiten im Dienstleistungssektor. Hier können bereits Umkehrungen und Umgruppierungen von Verfahrensweisen zu neuartigen Konzepten führen.

Machen Sie sich bewusst, zu welcher der obigen Gruppierungen Ihre Idee zählt. Denn sehr bald werden Ihnen Fragen gestellt wie: Was kann Ihr Produkt besser als andere? Wie unterscheidet sich Ihr Produkt von denen, die es in ähnlicher Form bereits bei Firma XY gibt?

2.2 Recherche: Ist die Idee wirklich neu?

Stellen Sie sich folgendes Szenario vor: Sie haben Ihre Idee in Form eines Prototyps umgesetzt, ausreichend Kapital für die anstehende Serienfertigung ist vorhanden, die Marketingkampagnen laufen bereits auf vollen Touren. Mitten in diesen Vorbereitungen erreicht Sie dieser folgenschwere Brief: Ein unbekannter Anwalt aus einer anderen Stadt teilt Ihnen mit, dass er eine Geschäftsführerin vertritt, deren Firma das Patent XY besitzt. Er weist Sie mit präzise gewählten Worten darauf hin, dass Sie den Rechtsschutz dieses Patents verletzen, und droht Ihnen bei weiterer Verfolgung Ihrer Idee mit einer Patentverletzungsklage. Erst jetzt veranlassen Sie in aller Eile eine Detailrecherche bei Ihrem nationalen Patentamt, deren Ergebnisse Ihre schlimmsten Befürchtungen bestätigen. Die Folge: Die versäumte Patentrecherche kostet Sie wahrscheinlich Ihre Geschäftsidee und gegebenenfalls eine ordentliche Geldsumme durch Regressforderungen Ihrer Investoren. Dieses Szenario ist keineswegs weit hergeholt, wie ein reales, besonders tragisches Beispiel zeigt: Ein englischer Werkzeughersteller[12] investierte in seine vermeintliche Innovation und die Erarbeitung der Patentanmeldung mehrere zehntausend Britische Pfund. Er war sich seiner Sache so sicher, dass er auf die sonst übliche professionelle Recherche eines Patentexperten verzichtete. Um die entstandenen Kosten abzudecken, belastete er sein Haus – ohne seine Frau darüber zu informieren. Bei der Patentanmeldung fand das zuständige britische Patentamt schon bei der ersten, oberflächlichen Routinerecherche viele Informationen, die auf identische, bereits eingeführte Produkte schließen ließen. Das führte dazu, dass die Patentanmeldung in einem frühen Stadium abgelehnt wurde, denn die Idee war eine Redundanzentwicklung. Geld, Haus und Familie des Werkzeugmachers waren dahin.

Tipp: Sparen Sie nicht am falschen Ende. In Ihrem eigenen Interesse und ebenso im Interesse jedes Lizenznehmers oder potenziellen Investors sollten Sie sicher sein, dass Ihre Idee wirklich neuartigen und innovativen Charakter hat. Dazu können Sie zunächst viele kostenlose und kostengünstige Recherchequellen nutzen.

2.2.1 Eigene Detailrecherche

Eine anfängliche Eigenrecherche macht allein aus Kostengründen Sinn. Denn Schätzungen des Österreichischen Patentamts zufolge werden jährlich allein in Europa 60 Milliarden Euro in Doppelent-

---

12   Barker, G./Bissell, P. (2007): A better mousetrap – the business of innovation. Abettermousetrap.co.uk. West Yorkshire. S. 1-4.

wicklungen investiert.[13] Dies verursacht immense volkswirtschaftliche Schäden in den jeweiligen Ländern.

Es gibt viele Quellen, über die Sie Informationen in Eigenregie suchen können. Das nimmt jedoch jede Menge Zeit in Anspruch und erfordert viel Geduld. Daher vorweg eine Anmerkung: Sollten Sie keinerlei oder nur wenig Erfahrung im Recherchieren haben, ist es vielleicht ratsam, sich an jemand Vertrauenswürdigen im Verwandten- oder Bekanntenkreis zu wenden, der Sie bei den folgenden Schritten unterstützt. Wichtig ist, dass Sie dann für Ihren Helfer bei den Recherchen zum Beispiel zur Klärung von Verständnisfragen erreichbar sind. Die anschließende Auswertung der Rechercheresultate kann ohnehin nur ein Experte vornehmen. In der Regel sind das zunächst Sie selbst. Nach der Auswertung der Ergebnisse wird dann oft deutlich, dass eine Konkretisierung oder leichte Abwandlung der Idee notwendig ist, weil in dem betreffenden Marktsegment bereits verwandte Problemlösungen und womöglich Patente vorliegen.

Ziele der eigenen Detailrecherche:

Überblick über den aktuellen Stand der Technik. Nach Schätzungen von Fachleuten sind in der Patentliteratur 85 bis 90 Prozent des veröffentlichten technischen Wissens gespeichert.[14] Tipp: Es empfiehlt sich, auch bei einem Treffer gleich nach Patentfamilien[15] zu recherchieren. Der Rechtsschutz eines Patents gilt immer nur für das Land, in dem das Patent erteilt worden ist. Angenommen Sie finden während einer Recherche ein schweizerisches Patent, welches identisch mit Ihrer Erfin-

---

13   Siehe http://www.patentamt.at/geschaeftsbericht2007/print/de/service.html
14   http://www.coburg.ihk.de/downloads/innovation/merkblaetter/merkblatt_schutz-
rechte.pdf
15   Eine Patentfamilie bezeichnet eine Gruppe von Patentanmeldungen beziehungsweise Patenten, die wie eine Familie miteinander verwandt sind.

dung ist. Durch die Recherche nach der Patentfamilie können sie nun feststellen, ob auch ein Patentschutz in anderen Ländern vorhanden ist. Sollte dies nicht der Fall sein, so können Sie zwar kein Patent bekommen (Neuheit). Sie könnten aber trotzdem Ihre Erfindung in allen Ländern außer der Schweiz vermarkten, ohne eine Patentverletzung zu begehen. Ähnliches gilt natürlich auch, wenn Sie nach Geschmacksmustern oder Marken suchen.

Kontakt zu Erfindern, Patentanmeldern und Firmen. Netzwerke aufzubauen und Gespräche mit Fachleuten zu führen bringt Sie in vielerlei Hinsicht voran. So können Sie beispielsweise frühzeitig in Lizenzierungsverhandlungen treten oder aber Ihre Idee verbessern.

Wie gehen Sie bei der Recherche vor? Und wo sollten Sie am besten anfangen? Wir stellen Ihnen einige allgemein zugängliche, relativ standortunabhängige Informationsquellen vor. Darüber hinaus geben wir Ihnen weitere Hilfsmittel an die Hand, die Ihnen bei der Systematisierung Ihrer Recherche helfen.

2.2.2 Recherche über öffentliche Stellen

Nicht jeder wohnt in der Nähe eines nationalen oder des Europäischen Patentamts. Daher bieten viele Patentämter die Möglichkeit, über das Internet vorhandene Patente zu recherchieren. Wir haben für Sie die erforderlichen Koordinaten der Patentämter in Deutschland, Österreich und der Schweiz zusammengestellt. Dort kann man Ihnen bei einer ersten Orientierung kompetent weiterhelfen.[16]

---

16   Ein sehr übersichtliches und hilfreiches Dokument zu Patentrecherche findet man auf http://www.patentamt.at/media/leitfaden_recherche.pdf

Deutsches Patent- und Markenamt

Zweibrückenstraße. 12, 80331 München

Telefon +49 89 2195-0, Telefax +49 89 2195-2221

E-Mail info@dpma.de, Internet www.dpma.de

Deutsches Patent- und Markenamt

Technisches Informationszentrum Berlin

Gitschiner Straße 97, 10969 Berlin

Telefon +49 30 25992-0, Telefax +49 30 25992-404

E-Mail info@dpma.de, Internet www.dpma.de

Deutsches Patent- und Markenamt

Dienststelle Jena

Goethestraße 1, 07743 Jena

Telefon +49 3641 40-54, Telefax +49 3641 40-5690

E-Mail info@dpma.de, Internet www.dpma.de

Eidgenössisches Institut für Geistiges Eigentum

Stauffacherstrasse 65, 3003 Bern

Telefon +41 31 377-7777, Telefax +41 31 377-7778

Internet www.ige.ch

Österreichisches Patentamt

Dresdner Straße 87, 1200 Wien

Telefon +43 1 53424-76, Telefax +43 1 53424-110

Internet www.patentamt.at

Das Europäische Patentamt (www.epo.org) und die Mitglieder der Europäischen Patentorganisation bieten eine vertiefende Patentsuche an: ESP@CENET heißt das Infosystem, mit dem Sie kostenlos Zugriff auf über 60 Millionen Patentdokumente haben (www.espacenet.com).

Die Bundesrepublik Deutschland bietet seit 1992 mit den Patent-informationszentren (PIZ) einen besonderen Service, der die Eigen-recherche unterstützt. Über zwanzig solcher Zentren sind als einge-tragener Verein organisiert. Die Patentinformationszentren (PIZ) stellen kostenlos PC-Arbeitsplätze für Lese- und Recherchezwecke zur Verfügung. Oft sind diese Einrichtungen an die Bibliotheken von Hochschulen angegliedert, sodass auch gleich Ansprechpartner aus dem universitären Umfeld zur Unterstützung der eigenen Recherchen raum- und zeitnah zur Verfügung stehen.

> Arbeitsgemeinschaft Deutscher Patentinformationszentren e. V.
>
> c/o Technische Universität Darmstadt
>
> Patentinformationszentrum
>
> Schöfferstraße 8, 64295 Darmstadt
>
> Telefon +49 6151 1655-27, Telefax +49 6151 1655-28
>
> Internet www.patentinformation.de

Österreich und die Schweiz verfügen nicht über vergleichbare Infor-mationszentren. Über den Österreichischen Publikationsserver[17] haben Sie Zugriff auf alle Erfindungen seit Herbst 2005. Ältere Ver-öffentlichungen werden im PDF-Format aufbewahrt. Die Datenbank Swissreg (www.swissreg.ch) verzeichnet geschützte Marken, Designs und Patente in der Schweiz.

Über diese spezifischen Patentdatenbanken hinaus gibt es weitere wichtige Informationsquellen, die Ihnen bei der Suche nach branchen-spezifischen Daten und Zahlen sowie aktuellen Forschungsarbeiten und Trends helfen. Dazu zählen Bibliotheken von Universitäten und

---

17 Erreichbar über das Österreichische Patentamt in der Rubrik Erfinderschutz, Tipps zur Recherche oder direkt über http://pubserv.patentamt.at/Publication-Server/search.jsp?lg=de

Hochschulen (und deren elektronische Fernleihsysteme) sowie die Internet-Datenbanken von Verbänden, IHK und Wirtschaftskammern, Handwerkskammern in Deutschland/Österreich/Schweiz, Gewerkschaften, Bundes- und Landesministerien, Statistische Bundesämter in Deutschland, Österreich und der Schweiz. Dies ist vor allem wichtig, um Kontakte zu Erfindern, Patentanmeldern und Firmen aufzubauen und Gespräche mit Fachleuten zu führen und so zum Beispiel Ihre Idee zu verbessern oder marktgerechter zu gestalten.

2.2.3 Recherche in Publikationen

Mittlerweile erscheinen Fachinformationen in den unterschiedlichsten Formen, sowohl gedruckt als auch digital. Je nach Art Ihrer Idee oder Produktentwicklung kommen unterschiedliche Quellen für Sie in Betracht:

— Aufsätze in Online-Diensten.
— Bibliografien (Metabibliografien, Fachbibliografien, Spezialbibliografien in Hochschulschriften, Zeitschriften- und Zeitungsaufsätzen).
— Bibliothekskataloge (alphabetische Kataloge, Sachkataloge, systematische Kataloge, Kreuzkataloge, OPAC).
— Fernsehinterviews, zum Teil gibt es diese als Mitschnitt über die Internetseiten der Sender, als Podcast oder Ähnliches zum Download.
— Graue Literatur (nicht allgemein zugängliche Literatur wie Diplomarbeiten, Tagungsberichte, Arbeitspapiere).
— Kongress-/Konferenzbände, Sammelwerke, Fachzeitschriften, Zeitungen, Jahrbücher, Magazine.
— Podcasts und sonstige digitale Beiträge.

2.2.4 Vorgehensweise bei der Eigenrecherche

Die möglichen Informationsquellen haben wir Ihnen vorgestellt. Nun sind Sie am Zug. Bedenken Sie aber: Bei Ihrer Recherche können Sie nur die Erfindungen und Patente entdecken, die bereits von den Patentämtern veröffentlicht sind. Die Patentanmeldungen werden nach 18 Monaten und Gebrauchsmuster nach circa 3 Monaten veröffentlicht. Das bedeutet, dass sie die Entwicklungen der letzten Monate nicht erfassen. Oft erscheinen früher in Fachzeitschriften oder anderen Medien Informationen über eine Erfindung. Daher empfehlen wir Ihnen bei der Recherche zusätzlich:

— Durchforsten Sie möglichst alle aktuellen, relevanten Fachzeitschriften.

— Beginnen Sie bei der systematischen Suche in Monografien und Sammelwerken bei der aktuellen Literatur und arbeiten Sie sich schrittweise zu älteren Publikationen vor (Standardwerke ausgenommen).

Bei der Recherche werden Sie höchstwahrscheinlich auf eine so hohe Zahl von Treffern kommen, dass Sie unmöglich alle Quellen sichten können. Prioritäten setzen und Gewichtungen vornehmen heißen hier die Zauberworte. Folgende Kriterien helfen Ihnen, die Wichtigkeit der Treffer zu beurteilen:

— Relevanz des Werks/Beitrags oder Bekanntheitsgrad des Autors können als Anhaltspunkte dienen, um festzustellen, ob diese im spezifischen Fachgebiet bekannt ist und auch öfters zitiert wurde.

— Bekanntheit und Reputation des Verlags oder des Mediums: Ein Verlag gilt beispielsweise dann als relevant, wenn er mindestens drei relevante Periodika veröffentlicht oder wenn er dem Fachpublikum vertraut ist.

— Aktualität: Beachten Sie das Erscheinungsdatum des Titels, Werks oder Beitrags.

— Vollständigkeit und Ausführlichkeit der Quellen: Hier ist wichtig, dass ein Dritter mittels der gemachten Angaben die Quellen wiederfinden kann.

2.2.5 Professionelle Recherche in der Patentliteratur

Eine professionelle Patentrecherche umfasst die gezielte und systematische Auswertung der Patentliteratur.[18] Natürlich können Sie auch von vornherein einen professionellen Suchdienst[19] engagieren, der die komplette Recherche für Sie übernimmt. Bei 60 Millionen veröffentlichten Patentinformationen, jährlich einer Million neuen Patenten und 115 Patentanmeldungen pro Stunde[20] macht diese Überlegung durchaus Sinn. Wenn Sie sich zu einer Eigenrecherche vorab entschieden haben, sollten Sie im Anschluss zur Sicherheit professionelle Suchdienste hinzuziehen. Kommen diese zu ähnlich positiven Ergebnissen wie Sie, können Sie mit hoher Wahrscheinlichkeit davon ausgehen, dass es sich bei Ihrer Idee tatsächlich um eine Neuheit handelt.

Eine professionelle Recherche liefert Ihnen fundierte Antworten auf folgende wichtige Fragen:

---

18 Siehe http://www.patentserver.de/Patentserver/Navigation/Patentschutz/ patentrecherche,did=196 724.html

19 Zum Beispiel bieten die nationalen Ämter oder das Patentinformationszentrum einen professionellen Recherchendienst an.

20 Loibner, Klaus (2009): »Gewerbliche Schutzrechte im Überblick. Patentrecherche – Tipps und Tricks«. Publiziert unter www.patentamt.at

— Gibt es Ihre Idee bereits oder gegebenenfalls sogar eine bessere Entwicklung?

— Ist die Entwicklung patentgeschützt und wenn ja, ist das Patent noch gültig?

— Wenn ja, verletzen Sie dieses Patent durch Ihre Erfindung?

— Wie ist die Gesamtentwicklung in Ihrem Marktsegment?

Professionelle Recherche-Dienstleister können Ihre Idee mit nicht frei zugänglichen Daten aus Europa, Japan und den USA abgleichen. Sie durchforsten dabei im Regelfall die zurückliegenden zwanzig Jahre, können aber auf Wunsch größere Zeiträume erfassen. Darüber hinaus sind monatliche Aktualisierungen der Rechercheergebnisse möglich. So können Sie sich auf Ihre nächsten Schritte konzentrieren, ohne einige Monate später, nach Aufbau eines Teams sozusagen auf der Zielgeraden überholt zu werden, weil jemand anders die Idee kurz vor Ihnen patentiert oder als Patentanmeldung eingereicht hat.

Eine professionelle Recherche zum Stand der Technik umfasst laut Patentinformationszentrum (PIZnet):[21]

— komplexe Sachgebietsrecherchen,

— standardisierte Auskünfte zum Stand der Technik,

— Firmen- und Namensrecherchen zu Anmeldern, Erfindern, Vertretern und Autoren,

— Patentfamilien und Rechtsstand,

— patentstatistische Analysen,

— Markenrecherchen,

— Geschmacksmusterrecherchen,

— Recherchen zu Normen und Dokumenten zum technischen Recht.

---

21   http://www.patentinformation.de.

Eine professionelle Recherche kostet circa 250 Euro (inklusive Bearbeitungsgebühr) und dauert im Schnitt vier Monate. Wenn es schneller gehen muss, können Sie beispielsweise über das Österreichische Patentamt auch eine Expressrecherche durchführen lassen. Diese bringt die Ergebnisse innerhalb von rund vier Wochen, kostet dafür allerdings knapp 1400 Euro. In Deutschland und in der Schweiz gibt es ähnliche Expressangebote zu unterschiedlichsten Konditionen.

2.3   Patente & Co: Schutz des geistigen Eigentums

Neue technische Erfindungen, einprägsame Marken, originelle Designs und künstlerische Werke haben eines gemein: Sie sind das Produkt der geistigen Anstrengung ihres Schöpfers. Der Begriff »geistiges Eigentum« (englisch *intellectual property* oder kurz *IP*) deutet bereits Besitzstandsverhältnisse und die rechtliche Dimension an, um die es in diesem Abschnitt geht. Dieses sogenannte gewerbliche Schutzrecht ist ein verbriefter Schutz geistigen Eigentums. Hierbei geht ein Erfinder mit der Allgemeinheit einen Vertrag ein: Der Erfinder gibt den Besitz an Wissen preis (Offenbarung) und erhält im Gegenzug ein zeitlich befristetes Monopol für die gewerbliche Verwertung. Im unternehmerischen Kontext sind Patente & Co, also Marken, spezielle Designs und das Urheberrecht, immaterielle Güter, die bei der Bewertung eines Unternehmens eine erhebliche Rolle spielen. So haben beispielsweise einzelne Marken eine so starke Marktdurchdringung erreicht, dass sie gar nicht extra beworben werden müssten. »Tempo« als Synonym für Papiertaschentücher oder »Tesa« für Klebeband benutzen zum Beispiel die meisten von uns auch für Konkurrenzprodukte ganz automatisch. Markennamen haben einen Wert, daher ist nachvollziehbar, dass ihr rechtlicher Schutz von sehr großer Bedeutung sein kann.

Patente sind nicht immer der ideale oder alleinige Schutz einer neuen Idee. Es gibt durchaus Kombinationsmöglichkeiten. Um bei einem der obigen Beispiele zu bleiben: Die Erfindung der Ware »Papiertaschentuch« ist patentierungsfähig, die spezielle Faltform des Papiertaschentuchs kann als Design geschützt werden und der Name »Tempo« genießt als eingetragene Marke im Markenregister besondere rechtliche Absicherung. Am schwierigsten zu schützen sind Werke wie dieses Buch, also Texte, aber auch Software, Musikstücke und Bilder. Sie alle sind urheberrechtlich geschützt. Es gibt formale Schutzrechte, die gesetzlich formuliert sind. Diese sichern Ihnen die exklusive Nutzung und Verwertung Ihrer Idee. Beachten Sie, dass das Urheberrecht automatisch entsteht und nicht ewig gewährt wird. Es endet beispielsweise bei Texten siebzig Jahre nach dem Tod des Urhebers (§ 64 UrhG). Ist der Urheber anonym oder veröffentlicht er unter einem Pseudonym, erlischt das Urheberrecht siebzig Jahre nach der Veröffentlichung. Der Schutz durch Marken-, Design- und Patentrecht muss hingegen beantragt werden und hat ein offizielles Anfangs- und Enddatum. Aber nur die Schutzrechte schützen Sie vor Nachahmung. Stellen Sie sich bitte vor, dass Sie Ihre Idee nicht angemeldet haben: In diesem Fall spart sich ein potenzieller Konkurrent die teilweise sehr hohen Entwicklungskosten, wenn er auf Ihre Idee zurückgreift. Wichtig bei den Schutzrechten ist auch, dass nur der Inhaber dieser Rechte entscheiden kann, in welcher Form diese genutzt werden. So kann er die Idee selbst verwerten oder anderen eine Lizenz zu dessen Verwertung erteilen.

Wie schützen Sie als Ideeninhaber nun Ihre Idee optimal? Die Beantwortung dieser Frage ist komplex und von der individuellen Idee abhängig. Unsere Empfehlung lautet daher: Entwickeln Sie die Schutzrechtsstrategie nicht selbst, sondern in Kooperation mit versierten Fachleuten, wie zum Beispiel einem Patentanwalt. Dieser berät Sie fachmännisch in allen Angelegenheiten rund ums Thema Ideenschutz.

Patente

- Multifunktionelle Tastatur
- Antischock Gehäuse
- Methode der verschiedenartigen Beleuchtung

Urheberrecht

- Software Code
- Bedienungsanleitung

Design

Markenschutz

- BlackBerry *BlackBerry.*
- Research in Motion
- RIM *RIM*

Internet Domain

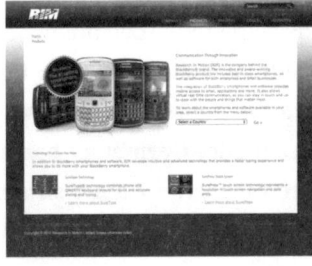

Betriebsgeheimnis

Abbildung 3: Mögliche Schutzformen am Beispiel von BlackBerry[22]

Ein Patentanwalt weiß genau, welche Arten von Schutzrechten für Sie die richtigen sind.

---

22   Die in dieser Abbildung verwendeten Bilder sind teilweise unter *www.blackberry.com* verfügbar und wurden am 17. Juni 2010 abgerufen

Ein Beispiel: Der »BlackBerry« ist ein tragbares Gerät zum Lesen, Schreiben von E-Mails und zur Verwaltung persönlicher Daten. RIM, der Hersteller dieses Geräts, benutzt zur Absicherung seiner Idee verschiedene Schutzarten: Die technischen Lösungen werden durch Patente abgesichert; so werden unter anderem die multifunktionale Tastatur oder das Antischock-Gehäuse durch Patente gesichert. Die Begriffe *BlackBerry, Research in Motion* oder *RIM* sind durch den Markenschutz abgesichert. Weiterhin besteht für den Software-Code oder die Bedienungsanleitung Urheberrechtschutz. Auch die verschiedenen Designs des BlackBerrys sind geschützt. Zudem ist jeder Mitarbeiter dieser Firma zur Verschwiegenheit verpflichtet. Die Wahrung des Betriebsgeheimnisses ist rechtlich geschützt (§ 17 des Gesetzes gegen den unlauteren Wettbewerb).

Leider ist die juristische Durchsetzung der eigenen Ansprüche Dritten gegenüber zum Teil schwierig – und kann unter Umständen sehr teuer werden. Wenn Sie beispielsweise eine tolle Idee haben, die jemand kopiert, der finanziell besser gestellt ist, haben Sie unter Umständen schlechte Karten. Es nützt Ihnen kaum, objektiv im Recht zu sein, wenn die Gegenpartei das Durchlaufen aller Gerichtsinstanzen einfach aus der Portokasse bezahlen kann. In solchen Fällen ist eine außergerichtliche Lösung für Sie meistens besser – und eine Kooperation langfristig ohnehin sicherlich vernünftiger.

Wenn Sie nun zu dem Ergebnis gekommen sind, dass Ihr geistiges Eigentum schützenswert sein könnte, haben Sie sicher eine Fülle von Fragen. Eine sehr gute Anlaufstelle für Informationen zum Thema Schutzrechte bieten beispielsweise die nationalen Patentanwaltsvereinigungen, die in Kooperation mit den Wirtschafts-, Handels- und Handwerkskammern eine kostenlose Erstberatung durchführen (siehe Kapitel 2.4.2). Dafür sollten Sie den Ansprechpartnern bereits ein Exposé zu Ihrer Idee vorab vorlegen (siehe Kapitel 2.4).

2.3.1 Patente: Technische Innovationen schützen

Ein Patent verleiht das Recht, Unberechtigten das Nachahmen oder die Ausnutzung der Erfindung zu verbieten und gegebenenfalls Schadenersatz zu fordern. Es sind vom Staat gewährte Schutzrechte mit einer Zeitdauer von im Allgemeinen bis zu zwanzig Jahren. Im Gegenzug zur staatlichen Einräumung eines zeitlich befristeten Monopols muss der Erfinder seine Erfindung (beispielsweise eine Vorrichtung oder ein Verfahren) in einer Patentschrift offenlegen (daher der Name Patent von lateinisch »patens« für »offen, frei, unversperrt«), also jedermann zugänglich machen. Die Offenlegung durch das Patentamt erfolgt spätestens 18 Monate nach der Anmeldung durch die Veröffentlichung der Offenlegungsschrift, jedoch nicht, wenn die Anmeldung vorher zurückgenommen wird.[23] In dieser Offenlegungsschrift sollte in einer Kurzfassung (Abstrakt) die Erfindung genau beschrieben sein. Es sollten ein oder mehrere Patentansprüche vorhanden sein, die angeben, was als patentfähig unter Schutz gestellt werden soll. Ein wesentlicher Bestandteil der Offenbarung ist die Beschreibung des technischen Sachverhaltes der Erfindung, insbesondere der Nachteile des technischen Standes und der Vorteile der Erfindung. Ergänzende Zeichnungen, die sich auf die Patentansprüche oder die Beschreibung beziehen, sind, soweit notwendig und sinnvoll, erlaubt.[24]

Wie sieht der Schutz aus? Der Patentinhaber muss eine Schutzrechtsverletzung *von sich aus* entdecken und eventuell zur Anzeige bringen.[25] Es gibt keine Instanz, die darüber wacht, ob der Patentschutz

---

23   Siehe »Der Weg zum europäischen Patent«, http://www.epo.org/patents/one-stop-page_de.html

24   Vgl. http://www.dpma.de/patent/faq/index.html#a11

25   Der Patentinhaber erhält gemäß § 9 PatG das Recht, andere von der Benutzung der Erfindung auszuschließen. Der Inhaber eines Erzeugnispatents hat das Recht, es Dritten zu verbieten, das Erzeugnis herzustellen, anzubieten, in Verkehr zu brin-

eingehalten wird oder nicht! Stellt ein Patentinhaber fest, dass eine Patentverletzung vorliegt, empfiehlt sich der Gang zum Patentanwalt. Der Schutz eines Patents erstreckt sich in der Regel nur auf einen bestimmten Staat. Mit einer europäischen Patentanmeldung, die in einer der Amtssprachen (Deutsch, Englisch oder Französisch) abgefasst sein muss,[26] können Sie beim Europäischen Patentamt das zentralisierte Erteilungsverfahren für sämtliche Vertragsstaaten des Europäischen Patentübereinkommens durchführen lassen. Nach der Erteilung des europäischen Patents durch das Europäische Patentamt zerfällt dieses in eine Anzahl nationaler Patente in den vom Anmelder gewählten Vertragsstaaten. Das europäische Patent gewährt seinem Inhaber in jedem Vertragsstaat, für den es erteilt wurde, dieselben Rechte, die ihm ein nationales Patent in diesem Staat gewähren würde.[27]

Soll eine Idee patentiert werden, so muss sie mindestens diese im Allgemeinen weltweit geltenden Voraussetzungen erfüllen:[28]

— Die Erfindung darf am Anmeldetag noch nicht mündlich oder schriftlich – auch nicht von anderen Personen – veröffentlicht worden sein, das heißt, sie stellt im Gegensatz zum Stand der Technik eine Neuheit dar.

— Die Erfindung muss besondere technische Kriterien erfüllen, die als »erfinderische Tätigkeit« bezeichnet werden. Die Neuartigkeit allein ist nicht hinreichend.

gen oder zu gebrauchen. Ein Patent verleiht seinem Inhaber nur bedingt ein positives Benutzungsrecht (siehe § 9 S. 1 PatG). Grundsätzlich gilt, dass die Erfindung von niemand anderem als dem Patentinhaber selbst gewerblich benutzt werden darf. Ob aber dieses Erfindung dann tatsächlich benutzt werden darf, richtet sich nach den allgemeinen Vorschriften.

26 Vgl. Art. 14 (2) EPÜ.
27 Vgl. Art. 64 (1) EPÜ.
28 Vgl. Art. 52, 53 EPÜ.

— Die Erfindung muss gewerblich anwendbar und benutzbar sein (nicht gewerblich anwendbar sind beispielsweise chirurgische oder therapeutische Behandlungen[29]).

Achtung: Sollten Sie Ihre Idee bereits an anderer Stelle veröffentlicht haben, zum Beispiel auf einem Vortrag bei einem Kongress oder in einer Fachpublikation, gilt sie nicht mehr als Neuheit! Darum gilt: Erst Patente anmelden, dann die Erfindung veröffentlichen.

Vor allem technische Innovationen werden durch Patente geschützt. Innovative Diagnose- und Therapieverfahren sind lediglich unter bestimmten Bedingungen patentfähig. Generell nicht patentierbar sind zum Beispiel wissenschaftliche Theorien, Pflanzensorten/ Tierrassen, Lehrmethoden sowie organisatorische Arbeitsabläufe wie die Balanced Scorecard, Spielregeln oder Lotteriesysteme.

Generell läuft eine Patentanmeldung in drei Schritten ab:

— formale Prüfung der Anmeldeunterlagen,
— sachliche Prüfung der Erfindung,
— Erteilung des Patents.

Erst nach Abschluss des letzten Schritts gilt eine Idee als patentiert, wobei die Bearbeitungszeiten teilweise sehr unterschiedlich sind. Die Laufzeit des Patents beträgt in der Regel zwanzig Jahre, gerechnet vom Anmeldetag.

Eine wesentliche Frage ist, für wen sich ein Patent nun tatsächlich lohnt. Der Lebenszyklus eines Produkts ist in einigen Technologiefeldern bedeutend kürzer als das gesamte Patentierungsverfahren bis

---

29   Zu erwähnen ist hier, dass medizintechnische Vorrichtungen und Durchführungen dieser Verfahren patentrechtlich schützbar sind.

zur tatsächlichen Erteilung eines Patentes. In der Konsequenz hat man dann ein Patent, das mittlerweile aufgrund neuer technologischer Entwicklungen bedeutungslos ist. Daher ist ein zwanzigjähriger Schutz weder effektiv noch effizient. Demgegenüber ist in den Forschungsfeldern der Umwelttechnologie oder der Lifesciences ein Patent recht häufig indiziert.

Das *Gebrauchsmuster* ist ein Schutzrecht für technische Erfindungen und Produkte, die nicht die für eine Patentierung erforderlichen hohen Anforderungen erfüllen. Beim Gebrauchsmuster handelt es sich im Gegensatz zu einem Patent nicht um ein geprüftes Schutzrecht, sondern um ein reines Registrierungsrecht. Damit ein Gebrauchsmuster rechtsbeständig ist, muss die geschützte Erfindung aber auch neu sein, auf einem erfinderischen Schritt beruhen und gewerblich anwendbar sein. Es wird auch oft als »kleines Patent« bezeichnet. Gebrauchsmuster dienen vor allem dazu, schnell (in circa zwei bis drei Monaten) zu einem gewerblichen Schutzrecht zu kommen. Diese Schutzform eignet sich für schnelllebige Güter oder einen rasch erreichbaren vorläufigen Schutz von Erfindungen, die möglicherweise gleichzeitig zum Patent angemeldet werden. Die Laufzeit des Gebrauchsmusterschutzes beträgt maximal zehn Jahre, gerechnet vom Anmeldetag.

Ein Patent ist – gerade national – nicht so teuer, wie viele Menschen glauben. Der zeitliche Rechtsschutz über den Gebrauchsmusterschutz kostet in Deutschland rund 40 Euro (Stand 2010). Danach können Sie innerhalb von zwölf Monaten (Prioritätsrecht)[30] ein »richtiges« Patent in

---

30 Im Allgemeinen versteht man unter dem Prioritätsrecht das Recht eines Anmelders, seines Rechtsnachfolger oder Hinterlegers eines gewerblichen Schutzrechts, das Datum der ersten Anmeldung zu beanspruchen. Dieses Datum einer früheren Anmeldung kann bei Patenten bis zu zwölf Monate für eine Nachanmeldung in Anspruch genommen werden. Hierbei ist noch anzumerken, dass durch das Prioritätsrecht das Schutzrecht nicht »rückwirkend« ausgedehnt werden kann, sondern lediglich der Stand der Technik zwischen dem Prioritätsdatum und dem Anmeldedatum nicht berücksichtigt werden.

jedem Land der Welt anmelden. Dies ist dann natürlich mit höheren Kosten verbunden. Überlegen Sie daher genau, in welchen Ländern eine Anmeldung überhaupt in Betracht kommt. Teuer werden die zyklisch zu entrichtenden Beträge für die Aufrechterhaltung des Patents. Die Gebühren sind progressiv und steigern sich jährlich. So zahlen Sie in Deutschland im dritten Jahr circa 70 Euro Gebühren, im zehnten bereits etwa 350 Euro und im zwanzigsten Jahr bereits rund 2000 Euro für Ihr Patent.

Für Sie als potenziellen Unternehmer geht es vor allem darum, Ihre eigene Forschungs- und Entwicklungsrichtung gegen Konkurrenten abzusichern. Nur ist es für Sie sicherlich zurzeit noch recht schwierig zu entscheiden, welche Art von Patentanmeldungen Sie machen sollen. Patente gelten nur in dem Land, für das sie erteilt wurden (Territorialitätsprinzip). Vom nationalen Patentamt (zum Beispiel Deutschland, Österreich, Schweiz, USA, Korea) erteilte Patente gelten nur für das jeweilige Land. Wenn Sie Ihre Erfindung auch in anderen Ländern schützen lassen wollen, stehen Ihnen dazu verschiedene Möglichkeiten offen. Sie müssen dazu Ihre Erfindung innerhalb von zwölf Monaten nach der nationalen Anmeldung im Ausland anmelden. Sie erhalten dann für diese Nachanmeldung den Zeitrang der nationalen Erstanmeldung (Prioritätsrecht). Diese Frist sollten Sie nicht versäumen, da Sie ansonsten Ihr Schutzrecht nicht mehr rückwirkend auf das Ausland ausdehnen können. Ihrer Anmeldung würde dann der tatsächliche, spätere ausländische Anmeldetag zugeordnet. Dies kann dazu führen, dass Ihnen die Veröffentlichung Ihrer eigenen nationalen Anmeldung bei der ausländischen Prüfung neuheitsschädlich entgegensteht.

Europäische Patente müssen nicht bei allen nationalen Patentämtern, welche Mitglied des Europäischen Patentübereinkommens (EPÜ) sind, individuell angemeldet werden, sondern können auch bei einem einzigen angemeldet werden. Dies kann man beim Europäischen Patentamt (EPA) machen. Durch diese zentrale Anmeldung entfällt die Anmeldung in jedem einzelnen Vertragsstaat des EPÜ und erleichtert damit das Verfahren erheblich. Er gilt entweder für einige oder alle der derzeit 37 Vertragsstaaten inklusive Türkei, Schweiz und Liechtenstein des Europäischen Patentübereinkommens. Das Patent gilt jedoch nicht einheitlich für alle Vertragsstaaten des Europäischen Patentübereinkommens. Nach der Erteilung zerfällt das Europäische Patent in einzelne nationale Schutzrechte. Diese entstehen mit der Bekanntmachung des Europäischen Patents in den jeweiligen Vertragsstaaten des EPÜ. Sie können wählen, in welchen Staaten des EPÜ Ihr Europäisches Patent gelten soll.

Für eine Patentanmeldung über europäische Grenzen hinaus ist der »Patent Cooperation Treaty« (PCT) von großer Bedeutung. Dieser Vertrag über die Internationale Zusammenarbeit auf dem Gebiet des Patentwesens wurde von einer Vielzahl von Gründungsstaaten unterzeichnet. Er ermöglicht ebenfalls, mit einem einzigen Anmeldeverfahren eine Patentanmeldung für fast alle Länder zu bekommen. Die Anmeldung erfolgt bei der World Intellectual Property Organization (WIPO) in Genf, beim Europäischen Patentamt in München, Wien, Berlin oder Den Haag, auch bei den meisten nationalen Patentämtern ist die Einreichung einer PCT-Anmeldung möglich.[31] Die PCT-Anmeldung stellt dabei ein Bündel mehrerer Anmeldungen dar. Dieses Bündel spaltet sich im Lauf des Verfahrens in den einzelnen Staaten zu jeweils nationalen Erteilungsverfahren auf und führt dort zu nationalen Schutzrechten. Es fallen dann die jeweiligen nationalen Gebühren an und die angestrebten Schutzrechte werden nach nationalem Recht behandelt. Es handelt sich beim internationalen Weg lediglich um ein zentralisiertes Anmelde- und Rechercheverfahren. Der PCT umfasst

---

31   Der genaue Anmeldeort beim PCT-Verfahren hängt auch vom Wohnsitz des Anmelders ab.

gegenwärtig 142 Vertragsstaaten, die im Wege einer internationalen Anmeldung für ein Patent »bestimmt« werden können. Im Grunde könnten Sie Ihre Erfindung nach den drei Verfahren (national, EPA oder PCT) anmelden.

Es stellt sich für Sie die Frage, welches Verfahren für Ihre Idee das beste ist. Lassen Sie sich in jedem Fall von einem Patentspezialisten (Patentanwalt) beraten. Generell möchten wir Ihnen jedoch folgende Grundstrategien vorstellen:

— Sie wollen Ihre Idee nur in Ihrem Land vermarkten und haben auch kein Interesse an anderen Märkten: Melden Sie Ihr Patent bei Ihrem nationalen Patentamt an.

— Sie wollen Ihre Idee wahrscheinlich nur in Ihrem Land vermarkten, haben aber auch ein Interesse an anderen Märkten: Melden Sie Ihr Patent bei Ihrem nationalen Patentamt an. Jetzt haben Sie zwölf Monate Zeit, sich zu überlegen, ob es sich für Sie lohnt, Ihre Erfindung auch in anderen einzelnen Ländern schützen zu lassen.

— Wollen Sie Ihre Erfindung jetzt nur in wenigen Staaten schützen lassen, können Einzelanmeldungen in den jeweiligen Ländern sinnvoll sein. Für die Mitgliedsstaaten der Europäischen Union bietet InnovAccess[32] hier eine Orientierungshilfe.

— Sie wollen Ihre Idee regional in Europa vermarkten: Melden Sie Ihr Patent erst bei Ihrem nationalen Patentamt an. Spätestens nach zwölf Monaten können Sie dann Ihren Patentantrag beim Europäischen Patentamt stellen.

---

32   http://www.innovaccess.eu

Europäisches Patentamt

— Gleichzeitige Schutzwirkung in allen 37 Mitgliedsstaaten.
— Ein europäisches Patent ermöglicht einen kosteneffizienten und zeitsparenden Schutz von Erfindungen.
— Eine Anmeldung in einer Sprache (Deutsch, Englisch oder Französisch).
— Individuelle Auswahl der Staaten für den Schutz.
— Ein einziges Prüfungsverfahren kostet weniger als drei getrennte nationale Anmeldungen.
— Starkes Patent.
— Gründliche Recherche.

Vorteile des Verfahrens nach dem Europäischen Patentübereinkommen

— Sollten Sie einen breiten weltweiten Schutz Ihrer Erfindung anstreben, können Sie Ihr Patent auch international anmelden. Sie haben damit ein effizientes Mittel, mit nur einer Anmeldung Patentschutz für eine Vielzahl von Staaten zu beantragen. Melden Sie Ihr Patent erst bei Ihrem nationalen Patentamt an. Dann haben Sie bis zu zwölf Monate die Möglichkeit, eine internationale Anmeldung nach dem Patentzusammenarbeitsvertrag (PCT) einzureichen.

Zusätzlich zu der Entscheidung nach den Zielmärkten sind für Sie noch folgende Aspekte wichtig.

Sollte Ihre Erfindung schon so weit ausgereift sein, dass diese sofort auf dem Markt platziert werden kann, dann ist das EPC und/oder PCT verbunden mit gezielten nationalen Anmeldungen sicherlich das Richtige. Jedoch kann man oft noch nicht entscheiden, ob die Erfindung überhaupt in Produktion gehen soll oder welche Länder für die Vermarktung infrage kommen; auch haben Sie vielleicht noch keine Lizenznehmer gefunden. In all diesen Fällen ist eine PCT-Anmeldung sicherlich die richtige Entscheidung: Die PCT-Anmeldung ermöglicht Ihnen eine Auslandsanmeldung, bei der Sie einen Aufschub um weitere 18 Monate auf insgesamt 30 Monate (31 Monate für Europa) ab dem Anmeldedatum oder dem Prioritätstag gegenüber der 12-Monats-Frist erlangen können. Erst dann müssen Sie entscheiden, ob und in welchen Ländern Sie ein nationales Patent erhalten möchten. Diese PCT-Anmeldung kann auch jederzeit abgebrochen werden.

2.3.2 Kosten einer Patentanmeldung

Die Kosten einer Patentanmeldung setzen sich aus den Gebühren zusammen, die Sie den Patentämtern zu entrichten haben. Diese Gebühren sind jeweils mit unterschiedlichen Laufzeiten verbunden; sie sind gesetzlich geregelt und können bei den jeweiligen nationalen Ämtern erfragt werden. Zusätzlich zu diesen Gebühren fallen Honorare für einen Patentanwalt an. Die Leistungen von Patentanwälten unterliegen keiner Gebührenordnung; hier regeln Angebot, Nachfrage und natürlich auch die entsprechende Qualität des Patentanwalts die Preise. Zurzeit liegen die Honorare zwischen 1500 und 4000 Euro. Nehmen wir an, Sie hätten vor circa zehn Jahren ein Patent mit Gültigkeit in acht europäischen Staaten vom Europäische Patentamt erteilt bekommen, dann rechnet man durchschnittlich mit rund 29 800 Euro.[33]

---

33 https://www.existenzgruender.de/patentplaner/hintergrundinfos/patent_anmelden/index.php

2.3.3 Marke: Dem Alleinstellungsmerkmal einen Namen geben

Allein ein Markenname kann beim späteren Verkauf Ihres Unternehmens mehr wert sein als die technischen Innovationen, auf die Sie im Laufe der Jahre zurückblicken. Denn mit der Marke wird ein bestimmtes Image veräußert, für das ein Unternehmen steht. Ist eine Marke im Markenregister eingetragen, darf sie vom Markeninhaber mit dem Symbol ® (von englisch *registered trademark* = eingetragene Waren- oder Dienstleistungsmarke) neben der Marke gekennzeichnet werden. Ein hochgestelltes ™ steht für unregistrierte Warenmarken (*unregistered trademark*). Es besteht aber keine Pflicht zur Kennzeichnung. Mit diesen Zeichen untermauern sehr erfolgreiche Unternehmen ihr markenrechtliches Monopol.

Generell gilt: Alles, was geeignet ist, Produkte oder Dienstleistungen als von einem bestimmten Produzenten und Anbieter stammen zu kennzeichnen, kann als Marke geschützt werden:

— Buchstabenkombinationen (BMW, MAN),
— Wörter (Mercedes, Opel),
— Zahlenkombinationen (4711),
— bildliche Darstellungen (Stern bei Mercedes),
— dreidimensionale Formen (Sterne auf den Autos von Mercedes),
— Slogans (»Vorsprung durch Technik« von Audi),
— Melodien und sonstige akustische Signale (Melodie von Dallmayr; Geräuschkombination von BMW),
— die Kombination vorher genannter Elemente.

Kombinationen aus den oben genannten Gruppen, die *keinen* Wiedererkennungswert besitzen, können nicht als Marke geschützt werden. Hierzu gehören zum Beispiel Allerweltsbegriffe wie Werbeschlagworte, bloße Abbildungen von Waren und einfache geometrische Figuren.

Sie möchten vermutlich im ersten Schritt Ihre Idee mit einem Markennamen verbinden. Dies bezeichnet man als *Individualmarke*. Mehrere solcher Individualmarken können zu einer Gruppe zusammengeschlossen sein (zum Beispiel Apotheken, Ärzte). Dann spricht man von *Kollektivmarken*.

Wenn Sie eine Marke schützen wollen, sind Sie – nach einer umfassenden Recherche – bei Ihrem nationalen Patentamt richtig. Sollten Sie Ihre Marke für den gesamten Raum der Europäischen Union anmelden wollen, so ist das Harmonisierungsamt für den Binnenmarkt (HABM) mit Sitz in Alicante, Spanien (www.oami.europa.eu) Ihr kompetenter Ansprechpartner. Die tatsächliche Anmeldung sollte dann in Kooperation mit einem Fachanwalt für gewerblichen Rechtsschutz erfolgen.

Abschließend noch ein paar Eckdaten: Die Laufzeit von Markenschutz beträgt in Deutschland, Österreich und der Schweiz zehn Jahre, gerechnet vom Anmeldetag. Die Anmeldegebühr liegt beim Deutschen Patent- und Markenamt bei mindestens 300 Euro (beziehungsweise 290 Euro für die elektronische Anmeldung).[34]

2.3.4 Design: Stilelemente sichern

Die Notwendigkeit, ein Design zu schützen, liegt auf der Hand: Hersteller von Markenwaren sehen sich immer wieder mit billigen Imitaten ihrer Produkte konfrontiert. Egal ob es Poloshirts von Lacoste oder Tommy Hilfiger oder Armbanduhren und Schmuck von Cartier sind. Plagiate und Produktpiraterie sind nicht auf die Bereiche Textilien und Accessoires beschränkt. Fast jede Branche hat mit dem Problem zu

---

34 http://www.dpma.de/marke/gebuehren/index.html#a7

kämpfen, obwohl die Herstellung von und der Handel mit gefälschter Ware nicht nur in Deutschland unter Strafe stehen.

Das Design oder Geschmacksmuster verleiht einem neuen Produkt weltweite Einzigartigkeit, hebt es deutlich von anderen Erzeugnissen ab. Produktserien erhalten durch ein Design Kontinuität mit Wiedererkennungszeichen. Linien, Farben, Flächen und/oder das verwendete Material sind dabei sogenannte Gestaltungselemente. In Addition wird daraus dann ein schützenswertes äußeres Erkennungsbild. Geschützt werden kann grundsätzlich alles, was sich im Design hinlänglich von bereits Bestehendem unterscheidet. Schützbar sind demnach

— Modelle,
— Geschmacksmuster,[35]
— industrielle Designs wie Hausfarben, Logos, Hausschriften und Gestaltungsraster (Produkt-, Kommunikations- und Architekturdesigns).

Dabei ist ein Design nicht starr und ohne die Möglichkeit der Änderung, sondern entwickelt sich kontinuierlich weiter, um dauerhaft dem Zeitgeist zu entsprechen. Nehmen wir als Beispiel die Muschel des englisch-niederländischen Shell-Konzerns: Bereits 1900 war die bekannte Kamm-Muschel das Firmenlogo und die Marke des Mineralölunternehmens. Seither wurde das Logo vielfach modifiziert, blieb aber stets geschütztes Kennzeichen von Shell.

Nicht geschützt ist alles, was als Design gegen die guten Sitten verstößt, reine Nützlichkeitszwecke verfolgt oder technische Funktionen wiedergibt. Letztere wären gegebenenfalls über Patente abzusichern. Geschmacksmuster sind grundsätzlich – bis auf das nicht eingetragene

35   http://www.dpma.de/geschmacksmuster/index.html

Gemeinschaftsgeschmacksmuster – genauso wie Marken und im Gegensatz zu Patenten jeweils national zu schützen.

Tipp: Sollten Sie den Eindruck haben, ein schützenswertes Design im Kopf zu haben, lohnt es sich, über Designschutz nachzudenken und mit Fachleuten eine Strategie zu erarbeiten.

2.3.5 Urheberrecht: Schutz für Texte, Software & Co

Urheberschutz tritt mit der Schaffung eines Werkes automatisch in Kraft und endet bei Texten beispielsweise erst siebzig Jahre nach dem Tod des Urhebers. Urheberrechtlichen Schutz genießen zunächst alle »Werke« der Kunst und der Literatur. Unter einem Werk versteht man:

— alles, was literarisch entstanden ist (von der wissenschaftlichen Abhandlung bis zum Werbeprospekt),
— Werke mit wissenschaftlichem, zum Beispiel technischem Inhalt (Zeichnungen, Pläne),
— musikalische und andere akustische Werke,
— visuelle und audiovisuelle Werke,
— architektonische Werke der Baukunst, die nicht über ein Design abgesichert sind,
— Computerprogramme (hier gibt es Ausnahmen wie zum Beispiel Algorithmen).

Gesetze, Verordnungen, Protokolle und Berichte von Behörden, wie zum Beispiel ein veröffentlichtes Patentgesuch, sind vom Urheberrechtschutz ausgenommen, da hier keine schöpferische Leistung zugrunde liegt.

Aus der eigenen Schulzeit wissen die meisten nur zu gut, wie leicht-fertig und im Grunde unbedarft beispielsweise Inhalte aus Büchern kopiert wurden. Für interne und private Zwecke ist dies noch erlaubt. Verwenden beispielsweise Dozenten allerdings die Kopien aus einem Buch oder nutzen eine Software sozusagen gewerblich bei der Durch-führung einer Schulung, ist dies verboten und steht unter Strafe. Der Urheber entscheidet selbst, wer wann etwas von seinen Werken ver-vielfältigen, verbreiten oder vorführen darf. Dafür kann er Nutzungs-rechte gegen Lizenzgebühren an Dritte abtreten. Die Streitigkeiten um illegale Downloads von Musik und Filmen zeigen jedoch, wie schwer sich selbst große Interessenverbände von Künstlern tun, deren Rechte als Urheber wirksam zu vertreten.

2.3.6 Vertraulichkeitserklärung: Auf Nummer sicher gehen

Oft wird in Fachkreisen über das Für und Wider von Vertraulichkeits-erklärungen diskutiert. Zum Thema Vertrauen wusste bereits der deut-sche Dichter Christian Friedrich Hebbel (1813–1863) zu sagen:

>»Wer damit anfängt, dass er allen traut, wird damit enden, dass er einen jeden für einen Schurken hält.«

Wenn Sie im geschäftlichen Umfeld vor der Aufgabe stehen, ein Team aufzubauen oder Investoren zu finden, müssen Sie zwangsläufig Men-schen vertrauen, die Sie persönlich nicht gut kennen. Hier eine Ver-trauensbasis aufzubauen ist schwierig und erfordert viel Fingerspit-zengefühl. Vielleicht ist es dem einen oder anderen neu, auf Menschen zugehen zu müssen, um finanzielle Mittel zu generieren oder ein Team zusammenzustellen. Während die meisten Geldgeber in der Regel täg-

lich mit dem Vertrauenscredo handeln müssen, ist das bei einem auf-
zustellenden Team eine relativ ungewisse Sache.

Vertraulichkeitserklärungen geben subjektiv das Gefühl von Sicherheit, was bei Verhandlungen ein Vorteil ist, und hinterlassen einen
seriösen Eindruck bei den Gesprächspartnern. Ein Erfinder, der sehr
offen und unbedarft über seine Ideen plaudert, weckt kaum Vertrauen
bei potenziellen Geldgebern wie Bankenvertretern, Venture-Capitalists
oder Business-Angels.

Das größte Problem bei Vertragsverhandlungen und Gesprächen
über eine Geschäftsidee oder ein neues Produkt ist: Der Ideengeber
muss nachweisen, dass das Produkt/Verfahren tatsächlich seine Idee
ist. Hierzu ein illustratives Beispiel aus einem Patentleitfaden des deutschen Bundesministeriums für Forschung.[36] Ein Erfinder schrieb an ein
Unternehmen folgenden Brief:

Betr. Idee: Schmirgeln leichter

Sehr geehrte Damen und Herren,

(...) Man kann den Schmirgel auf der Halterung eines Winkel-
schleifers mit einem Klettverschluss befestigen, das hält. Diese
Innovation wäre für Hobbymärkte und somit für Heimwerker
ideal. Sollten Sie Interesse an der Realisierung haben und mich
für meine Idee monetär belohnen, verfüge ich über weitere Produktinnovationen.

Mit freundlichen Grüßen

---

36   Limbeck, Friedhelm (2003): *Lei(d)tfaden der Patentvermarktung*. Deutsches Bundesministerium für Bildung und Forschung, 4. Auflage. S. 11–14.

Einige Wochen später kam eine Standardantwort, in der mit Bedauern festgestellt wurde, dass man sich nach sorgfältiger Prüfung außerstande sehe, das Produkt zu realisieren. Gleichzeitig bat man jedoch um Mitteilung des Erfinders, wenn dieser wieder eine Idee hätte, die er für umsetzungsfähig halten würde. Die Idee wurde dann aber doch realisiert und kam drei Jahre später auf den Markt! Hierauf reagierte der Erfinder umgehend mit einem Schreiben:

Sehr geehrte Damen und Herren,

da meine Idee nun unter dem Namen ... auf dem Markt ist und die Herstellerfirma ein Tochterunternehmen Ihres Hauses ist, gehe ich von einer rückwirkenden prozentualen Gewinnbeteiligung aus. Für diesbezügliche Verhandlungen bin ich gerne gewillt, zu Ihnen nach ... zu kommen.

Mit freundlichen Grüßen

Die Antwort war entsprechend:

Sehr geehrter Herr ...,

vielen Dank für Ihr Schreiben vom ..., das wir erhalten haben. Wir können leider nicht erkennen, warum Sie eine Vergütung von uns erwarten, sind hier doch keine Zusammenhänge zu Ihrem Vorschlag erkennbar. Sollten jedoch Patentverletzungen vorliegen, bitten wir Sie um genaue Informationen bezüglich Patentnummer und Anmeldedatum.
Die allgemeine Behauptung, es handele sich um Ihre Idee, ist für uns nicht hinreichend als Beweismittel. Wir legen Ihnen daher nahe, von derlei Behauptungen und etwaigen Ansprüchen Ab-

stand zu nehmen, und weisen bei Aufrechterhalt Ihrer Aussagen den Rechtsbehelf vor.

Mit freundlichem Gruß

Die Fehler dieses Ideengebers sind offensichtlich und keineswegs selten. Entscheidender ist hier die Frage, ob ihm eine Vertraulichkeitserklärung geholfen hätte. Einerseits könnte er nachweisen, dass es Gespräche bzw. Korrespondenz mit dem betreffenden Unternehmen über die Erfindung gegeben hat. Streng genommen hat man dort andererseits den Erhalt eines Briefes ja nicht geleugnet. Der entscheidende Punkt ist, dass das Unternehmen die Urheberschaft des Erfinders an der Idee bestritten hat. Ein oft beklagtes Problem, das uns immer wieder begegnet, ist, dass man trotz unterschriebener Vertraulichkeitserklärung als Gründer und Ideeninhaber meistens wenig bis sehr wenig gegen etablierte Unternehmen oder Kapitalgeber ausrichten kann. Wie soll man einem Investor denn tatsächlich nachweisen, dass er eine geklaute Idee benutzt hat, um Gewinne zu erzielen? Und inwiefern hilft nun eine Vertraulichkeitserklärung?

Die simple Antwort lautet: Es ist eine Frage des Geldes, ob man Rechtsansprüche geltend machen kann. Die weiterführende Frage lautet daher: Wie viele Rechtsinstanzen könnten aufgrund der aktuellen Kapitalreserven gegen ein etabliertes Unternehmen durchgehalten werden? Wesentlich effektiver als eine Vertraulichkeitserklärung ist es, sehr sparsam mit Informationen über die Idee umzugehen und wesentliche Verfahrensschritte nicht zu früh publik zu machen.

Unser Fazit fällt daher ambivalent aus: Da es sich bei der Vertraulichkeitserklärung um eine scheinbare Sicherheit handelt, deren rechtliche Vertretung in der Regel für Gründer nicht finanzierbar ist, kann man damit bei Gesprächspartnern zumindest einen soliden und vorsichtigen Eindruck hinterlassen. Das klingt zwar einerseits nicht schlecht, befriedigt andererseits aber keineswegs im Sinne des Anspruchs auf Schutz des geistigen Eigentums. Die meisten Profis im Investmentbereich geben ohnehin ungefragt eine Vertraulichkeitserklärung ab. Bei der Bildung eines Teams lautet die Devise schlichtweg: Augen auf bei der Partnerwahl!

Ein wenig von Ihrer Idee müssen Sie allerdings preisgeben, um zum Beispiel potenzielle Teammitglieder oder interessierte Investoren zu gewinnen.

2.4   Exposé: Aushängeschild der Geschäftsidee

Durch Ihre Recherchen und Expertengespräche werden Sie bald in der Lage sein, Eckdaten zu Ihrer Idee erstmals schriftlich und fundiert zu dokumentieren. Dies geschieht in Form eines *Exposés* (oder *One-Pagers*), das Ihnen bei der Kontaktaufnahme zu potenziellen Partnern in der ersten Sondierungsphase helfen kann. Es gibt einen kurzen Gesamtüberblick über das Vorhaben und informiert die Adressaten vor allem darüber, an welchen Stellen und in welcher Form Sie konkret Hilfestellung und Unterstützung benötigen.

2.4.1 Aufbau des Exposés: Logik und Nachvollziehbarkeit

Das Exposé hilft potenziellen Partnern dabei, sich vor dem Erstgespräch auf Ihre Idee einzustimmen. Daher verlangt das Erstellen eines Exposés über die Recherche hinaus einiges an Arbeit, denn damit wollen Sie für Ihre Idee kräftig die Werbetrommel rühren – egal ob Sie nach Geldgebern oder Teamkollegen suchen. Auf folgende Inhalte sollte das Exposé präzise und dabei doch knapp formuliert eingehen:

— Als Erstes sollten Sie kurz darstellen, worum es bei Ihrer Idee über-haupt geht. Der erste Absatz beinhaltet quasi die Zusammenfas-sung in der Zusammenfassung.

— Im zweiten Absatz folgen Informationen zum Innovationsgehalt und Alleinstellungsmerkmal Ihrer Idee und dem daraus erkenn-baren generellen Kundennutzen. Vermeiden Sie Fachbegriffe und detailreiche Erläuterungen.

— Ihre Rechercheergebnisse gehören in Kurzform in den dritten Ab-satz: In welchem Zielmarkt soll die Idee positioniert werden? Wie ist der derzeitige Stand der Technik? Wie ergänzt das Produkt den Markt sinnvoll? Ihre Ausführungen zur eigenen Recherche sollten eindeutig belegen, dass Sie mit Ihrer Idee den Zugang zu einem Wachstumsmarkt anstreben.

— Zielgruppen spielen stets eine herausragende Rolle. Erklären Sie, wer die potenziellen Käufer sind, mit welchen Absatzpotenzialen und Gewinnmargen pro Einheit Sie rechnen.

— Im letzten Absatz dreht sich alles um Personal und Kapital für die weitere Entwicklung der Idee. Sie können gern mit einem einleiten-den Satz zu Ihrer Person und Ihren Qualifikationen beginnen (zum Beispiel »Als Entwicklungsingenieur mit langjähriger Erfahrung im Bereich der Automobilindustrie ist es mir gelungen, erste Entwick-lungsschritte in Richtung ... zu machen.«). Eine grobe Prognose des gesamten benötigten Kapitalvolumens für das Projekt darf ebenfalls nicht fehlen und sollte nachvollziehbar sein. Die Antwort auf die Frage »Wer kann wie helfen?« sollte in diesem Absatz deut-lich werden. Wenn Sie Mitstreiter für das Gründungsteam suchen, muss nachvollziehbar sein, welche komplementären Persönlich-keiten Sie zum Aufbau Ihres Teams benötigen.

Tipp: Bevor Sie das Exposé verschicken, lassen Sie es von einer Per-son Ihres Vertrauens kritisch gegenlesen. Allgemein sollten Sie darauf achten, dass das Exposé zielgruppenorientiert formuliert und gut verständlich aufgebaut ist. Denn der Sinn dieser Kurzbeschreibung Ihrer Geschäftsidee ist es, den Leser neugierig zu machen. Er soll darauf brennen, mehr zu erfahren.

2.4.2 Adressaten des Exposés: Staatliche Institutionen, Geldgeber, Teammitglieder

Das Exposé ist für folgende drei Personengruppen interessant:

— Ansprechpartner bei den Wirtschafts- und Handwerkskammern,
— Firmenkundenberater der Hausbank,
— potenzielle Mitarbeiter des Gründerteams.

Ansprechpartner bei den Wirtschafts- und Handwerkskammern. Sie helfen Gründungswilligen sowohl bei den ersten Schritten zum Schutz des geistigen Eigentums als auch bei der Realisierung der ersten Meilensteine hinsichtlich Rechtsschutz und Gründung. Die Kammern verfügen über große Netzwerke und Spezialisten, die sich mit der Bewertung innovativer Ideen auskennen. Außerdem können die dortigen Mitarbeiter bei förderfähigen Projekten direkt weitere Aktionen einleiten. Die Handwerkskammer München und Oberbayern veranstaltet zum Beispiel eine vertrauliche monatliche Erfinderberatung, die das Angebot des dortigen Existenzgründerbüros ergänzt. Bei einem kostenlosen Beratungsgespräch erhalten Sie Informationen zur kommerziellen Nutzung von Ideen und zu relevanten Förderprogrammen. Für die Erfinderberatung ist eine Anmeldung erforderlich (telefonisch oder per E-Mail). Mit einem Exposé können sich die Berater optimal auf das Erstgespräch vorbereiten, im Vorfeld weitergehende Recherchen durchführen und sich gedanklich auf Ihr Thema einstimmen. Nach der ersten Beratung wird eine Machbarkeits- und Potenzialanalyse durchgeführt. Dabei geht es vor allem um Einschätzung und Bewertung der Innovationskraft und die Ertragsprognose. Bei positiven Resultaten bekommt der Bewerber beispielsweise einen Innovationsgutschein als erstes Fördermittel. Sollte die durchgeführte Machbarkeits- und Potenzialanalyse keine positiven Ergebnisse bringen, lautet die Devise »Nachbessern« oder »Idee verwerfen«.

Der Innovationsgutschein des Bayerischen Wirtschaftsministeriums ist ein Zuschuss für Kleinunternehmer und Existenzgründer. Das heißt, das Geld muss nicht zurückgezahlt werden. Unternehmer oder Gründer werden bei der Planung, Entwicklung und Umsetzung neuer Produkte, Produktionsverfahren oder auch Dienstleistungen unterstützt. Es werden bis zu 50 Prozent der Ausgaben bezuschusst, die maximale Fördersumme beträgt 7500 Euro (Stand 2010). Damit können die Existenzgründer beispielsweise den Bau eines Prototyps finanzieren, wissenschaftliche Testreihen oder Designstudien durchführen lassen oder Ähnliches. Reine Unternehmensberatung wird hingegen nicht subventioniert, ebenso wenig wie die Anschaffung von Maschinen oder Software.

Tipp: In jedem Fall ist eine professionelle Analyse als erstes Feedback sinnvoll, denn Sie erhalten wichtige Hinweise für Ihr weiteres Vorgehen. Nutzen Sie diese Beratung unbedingt! Genauere Informationen zum Innovationsgutschein finden Sie im Internet unter www. innovationsgutschein-bayern.de. In anderen Ländern gibt es ähnliche Förderhilfen.

Die frühzeitige Integration von Handwerks- und Wirtschaftskammern hinsichtlich einer Anschlussfinanzierung über öffentliche Programme ist für die optimale Unterstützung Ihres Vorhabens sinnvoll. Die Innovationsberater sind darüber hinaus gut mit Patentanwälten vernetzt und können Hinweise auf zuständige Kanzleien in der Region geben. Eine erste Kurzberatung bei einem Patentanwalt ist im Regelfall kostenlos.

Firmenkundenberater der Hausbank. Wenn es um die Finanzierung eines Gründungsvorhabens geht, führt Sie der erste Weg üblicherweise zu Ihrer Hausbank. Die Vorgehensweise bei Existenzgründungen ist mittlerweile stark standardisiert. Das heißt konkret, dass das Gründungszentrum der Bank erst dann aktiv wird, wenn Sie als »Gründungswilliger« in einer der Filialen ein Exposé abgeben. Dieses wird firmenintern an das Gründungszentrum weitergeleitet. Erst dann wird ein erster Beratungstermin vereinbart.

Die meisten Kreditinstitute verfügen über ihre eigenen Finanzierungsmöglichkeiten hinaus über Querverbindungen zu privaten Eigenkapitalgebern und öffentlichen Fördermittelgebern. Es ist in jedem Fall sinnvoll, wenn Sie sich bereits selbst im Vorfeld des Erstgesprächs schlaumachen und eine Vorstellung haben, welche Förderungen für Sie interessant sein könnten. Dann kann Sie der zuständige Gründungsberater besser unterstützen. Mehr zu diesem Thema lesen Sie in Kapitel 3.

Potenzielle Mitarbeiter des Gründerteams. Sie brauchen für Ihr Gründerteam fähige und kompetente Mitarbeiter, die sich gegenseitig optimal ergänzen. Unsere Erfahrung zeigt, dass Existenzgründer anfangs meist aus dem privaten Umfeld heraus agieren, also zunächst vertrauenswürdige Freunde und Bekannte ins Boot holen. Leider mangelt es dann später oft an notwendigen Qualifikationen. Prüfen Sie im Sinne Ihres späteren Unternehmens genau, ob in Ihrem Bekanntenkreis wirklich die nötigen Kompetenzen vereint sind. Falls ja, prima! Wenn nicht, sehen Sie in Ihren Freunden eher moralische Unterstützer und Kritiker, die Ihnen Feedback geben, und suchen Sie für die relevanten Fachbereiche Mitarbeiter aus den passenden Branchen. Woher nehmen, wenn nicht stehlen, fragen Sie sich? Nun, Ihre Gesprächspartner bei Banken, Kammern oder Existenzgründer-Wettbewerben verfügen über weitverzweigte Netzwerke. Nutzen Sie diese Plattformen als Basis zur Kontaktaufnahme. Auch hier ist Ihr Exposé von zentraler Bedeutung.

2.4.3 Beispiel-Exposé: Ideenanpreisung in der Praxis

Die HBB Power & Water GmbH (P & W) aus dem bayrisch-schwäbischen Königsbrunn hat eine preiswerte, umweltfreundliche Technologie entwickelt, die aus Abwärme elektrischen Strom produziert. Sie wurde »STEAP« getauft (englisch *steam and power*, also Dampf und Kraft). Den Businessplan, der seinerzeit zur Gewinnung des benötigten Kapitals erstellt wurde, hat uns das Unternehmen freundlicherweise für dieses Buch überlassen (siehe Kapitel 4). In Anlehnung daran haben wir das folgende Exposé entwickelt. Damit wollen wir potenzielle Investoren ansprechen und für unsere Idee begeistern.

Exposé STEAP

HBB Power & Water GmbH

Der Markt erneuerbarer Energien ist eine der wenigen schnell und konstant wachsenden Branchen. Wir, die HBB Power & Water GmbH, stellen Ihnen mit STEAP eine in der Cleantech-Branche patentierte Produktinnovation vor, mit der wir Abwärme effektiv nutzen, indem wir sie ins Energienetz zurückführen.

Produkt: STEAP ist ein Gerätezusatz für Biogasanlagen, mit dem die Abwärme verwertet statt verschenkt wird. Mit dem STEAP 25 haben wir einen bereits patentierten Prototyp entwickelt, der schon ab 65 Grad Celsius vorhandene Abwärme energetisch in den eigentlichen Produktionsprozess rückführt. Es handelt sich um einen Gerätezusatz, den wir im ersten Schritt für landwirtschaftliche Biogasanlagen konzipiert haben. Mit unserer zukünftigen Entwicklungsarbeit beabsichtigen wir, höhere Abwärmeerzeuger industrieller Provenienz mit leistungsfähigeren Geräten gewinnen zu können.

Rechercheergebnisse: Unser STEAP 25 grenzt sich innovativ von anderen Lösungen der Abwärmenutzung vor allem durch seine Umweltfreundlichkeit ab. Während Konkurrenzanbieter bei ihren Produkten zum Teil gefährliche Chemikalien einsetzen, was bei der Wartung stets den Einsatz von Spezialpersonal erfordert, setzen wir auf die sauberste Lösung: Wasser.

Zielgruppen: In einem ersten Schritt setzen wir auf alle landwirtschaftlichen Betriebe, die Biogasanlagen betreiben. Bei unseren Recherchen konnten wir allein in Bayern und Baden-Württemberg nahezu 2000 Betriebe identifizieren, die wir im Vorfeld unserer Unternehmensgründung stichprobenartig bereits kontaktiert haben. Das Ergebnis: großes bis sehr großes Interesse.
Im zweiten Betriebsjahr planen wir den Ausbau des Kundennetzes über diese beiden Bundesländer hinaus. Parallel soll die Forschungsarbeit an den leistungsstärkeren STEAP-Geräten für Großindustrieanlagen forciert werden, um schnell die Marktführerschaft in diesem Segment zu übernehmen.

Was wir benötigen, ist vor allem Ihr Vertrauen in unser Produkt und Kapital für die Entwicklungsarbeit und die Errichtung einer größeren Produktionshalle in Höhe von 2 000 000 Euro. Im Gegenzug bieten wir mehrere interessante Renditemodelle, die Investoren über eine Laufzeit von beispielsweise 10 Jahren je nach Höhe der Kapitaleinlage lukrative Gewinne bei kaum vorhandenem Risiko garantieren. Gerne werden wir unsererseits als junges Team auch eine aktive Beteiligung an Entscheidungsprozessen akzeptieren.

Mehr als diese knappen Informationen wollen Investoren, vor allem Banken, häufig im ersten Dokument gar nicht lesen, bevor man Sie zu einem ersten persönlichen Gespräch einlädt. Was dann im weiteren Verlauf zählt, sind die Produktinnovation, Ihre persönliche Überzeugungskraft und die Professionalität Ihres Teams.

2.5 Fragenkatalog: Denkanstöße zur Ideenanalyse

Wie Sie sehen, müssen Sie auf dem Weg von den ersten Recherchen zu Ihrer Idee bis zum Exposé viele Fragen beantworten. Gewöhnen Sie sich an, Ihre Fortschritte stets kritisch zu betrachten und halten Sie Einfälle oder Probleme am besten immer schriftlich fest. So bleiben Ihre Gedanken nachvollziehbar, was Ihnen bei der Erstellung des Businessplans später sehr helfen wird.

Wir haben einen kurzen Fragenkatalog für Sie entworfen. Auf einige der Fragen wissen Sie vielleicht schon eine konkrete Antwort –

aber haben Sie diese schon schriftlich fixiert? Andere Fragen werden Sie mithilfe Ihrer Recherchen und Gespräche mit kompetenten Partnern sicher in Kürze beantworten können.

— Was wollen Sie entwickeln und produzieren?
— Können Sie Alleinstellungsmerkmale Ihres Produkts formulieren?
— Welche Kundenbedürfnisse werden mit Ihrem Produkt befriedigt?
— Welche Personengruppen sind überhaupt potenzielle Kunden?
— Welche Distributoren müssen Sie ansprechen, um den Endverbraucher zu erreichen?
— Ist das Marktsegment Ihrer Produktidee in einem Wachstumsmarkt angesiedelt?
— Wird Protektion in Form von gewerblichen Schutzrechten notwendig? Wenn ja, welche?
— Ist die Produktentwicklung zeitlich und ökonomisch realisierbar mit dem vorhandenen Budget? Wenn nein, welche Förderungen oder andere Finanzierungen sind denkbar?

Ihre Antworten auf diese Fragen sind nicht in Stein gemeißelt. Prüfen Sie Ihre Ansichten kritisch, wahrscheinlich verändern und verfeinern sich bis zur Erstellung Ihres Businessplans noch viele Einzelheiten.

2.6   Zusammenfassung

Wenn Sie dieses Buch als Arbeitsbuch nutzen und parallel zum Lesen die einzelnen Schritte umsetzen, können Sie aufgrund Ihrer bisher erarbeiteten Ergebnisse für sich selbst eine Tendenz formulieren,

— ob Sie ein Unternehmen gründen möchten,

— in weiterer Folge ein Lizenzverfahren anstreben

— oder die Idee aufgrund Ihrer Rechercheergebnisse modifizieren oder verwerfen müssen.

Sie haben in diesem Kapitel viele Informationen zum Thema Patentrecherche erhalten. Haben Sie bei Ihrer Eigenrecherche Treffer gelandet, die sich grob in den Bereich Ihrer Idee einordnen lassen? Das bedeutet einerseits, dass es einen Markt und mögliche Kunden für Ihr Produkt gibt. Andererseits wissen Sie dann auch schon, mit welcher Konkurrenz Sie es zu tun haben.

Grundlegende Kenntnisse zum Thema Schutz von Patenten, Marken, Designs und Urheberrecht sind wichtig, damit Sie einschätzen können, welche Bestandteile Ihrer Idee schützenswert sind und in welchem Umfang ein Ideenschutz sinnvoll ist. Vielleicht genügt eine Form des Schutzes oder – was durchaus möglich ist – Sie möchten ein Patent mit einem geschützten Markennamen koppeln. Eine fundierte Entscheidung können Sie erst treffen, wenn Sie gründlich recherchiert haben und professionellen Rat eingeholt haben.

Das Exposé ist Ihr erstes Aushängeschild für Ihre Idee – ein äußerst wichtiges Dokument, in das Sie ausreichend Energie stecken sollten. Damit treten Sie an zuständige Kammern, Banken oder auch potenzielle Mitstreiter heran, die Sie bei Ihrem Abenteuer Innovation unterstützen sollen. Wie ein solches Exposé aussehen kann, haben wir am Beispiel STEAP gezeigt.

Der Fragenkatalog soll Ihnen vornehmlich dabei helfen, Ihre Gedanken zu ordnen. Wenn Sie sich über die wichtigen Eckpfeiler Ihrer Idee im Klaren sind, treten Sie gegenüber Ihren Gesprächspartnern kompetent und selbstsicher auf. Darüber hinaus sind diese Überlegungen grundlegend für Ihren Businessplan.

2.7 Recherche- und Literaturtipps

In der Seed-Phase sind die ersten Sondierungsgespräche von entscheidender Bedeutung. Beratung zum richtigen Zeitpunkt heißt nicht nur, teure Beratungskosten von Unternehmensberatern zu vermeiden, sondern darüber hinaus auch wichtige öffentliche Ressourcen zu erschließen – sowohl als Informations- und Austauschnetzwerk als auch hinsichtlich öffentlicher Fördermittel.

Die Auswahl der folgenden Internetseiten beinhaltet erste Informationen zum Thema Gründung. Auch finden Sie dort sicherlich den richtigen Ansprechpartner für Ihr Anliegen.

— *www.dpma.de:* Dies ist die Seite des Deutschen Patent- und Markenamts, auf der wichtige Informationen für noch unerfahrene potenzielle Patentanmelder verständlich aufbereitet sind.
— *www.foerderland.de:* Förderland ist ein unabhängiges, privates Informations- und Nachrichtenportal für Gründer und Unternehmer. Es bietet strukturierte Informationen zu allen Facetten der Unternehmensgründung und -entwicklung. Darüber hinaus bietet die Seite aktuelle Nachrichten, Fachbeiträge und Hintergrundberichte.
— *www.geschaeftsidee.de:* Hier gibt es online einige interessante Tipps. Wirklich wichtige Hinweise und Artikel gibt es leider nur gegen Bezahlung. Hinter dieser Website steht der Verlag für die Deutsche Wirtschaft.
— *www.gruenden.ch:* Dies ist die Gründungsplattform des Kantons Zürich mit zahlreichen grundlegenden, aber auch themenspezifischen Informationen. Die Schweizer Wirtschaftskammern (www.cci.ch) verfügen zwar über einen nationalen Dachverband, jedoch gibt es deutliche kantonale Unterschiede.
— *www.handwerkskammer.de:* Gleich auf der Startseite finden Sie eine Karte der Bundesrepublik Deutschland, aufgeteilt in die Zuständig-

keitsgebiete der regionalen Kammern. So finden Sie schnell ihre Kammer und Informationen zu deren speziellen Angeboten.

— *www.ihk.de:* Hinter dieser Abkürzung verbirgt sich der Deutsche Industrie- und Handelskammertag (DIHK). Klicken Sie in der Navigationsleiste links auf »Starthilfe und Unternehmensförderung«. Dort finden Sie hilfreiche Informationen rund ums Thema Unternehmensgründung.

— *www.innostarter.ch:* Wer seine Idee mithilfe von professionellem Coaching umsetzen will, kann sein Projekt bei der Innostarter AG Zürich einreichen. Das Unternehmen bietet ein breites Spektrum an Beratungsleistungen an, vom Coaching der Idee über Kapitalbeschaffung bis hin zur Umsetzung.

— *www.signo-deutschland.de:* SIGNO (Schutz von Ideen für die gewerbliche Nutzung) ist eine Initiative des Bundesministeriums für Wirtschaft und Technologie (BMWi) Deutschland. Sie unterstützt Hochschulen, kleine und mittlere Unternehmen (KMU), Handwerksbetriebe sowie freie Erfinder bei der rechtlichen Sicherung und wirtschaftlichen Verwertung innovativer Ideen.

— *www.wko.at:* Sehr informativ ist auch die Internetseite der Wirtschaftskammer Österreichs (WKO). Im Navigationsmenü findet sich gleich der Punkt »Gründer und Jungunternehmer«. Dort gibt es eine Fülle von Informationen, direkt auf der Seite oder zum Download als PDF oder Podcast.

Natürlich gibt es auch eine Reihe hervorragender Bücher mit vielen Tipps zur Existenzgründung, zur Ideenfindung, zu Schutzrechten und zu Patenten. Ein paar davon möchten wir Ihnen besonders ans Herz legen.

— Bonnemeier, S. (2008): *Praxisratgeber Existenzgründung. Erfolgreich starten und auf Kurs bleiben.* Für uns ist vor allem die gut beschriebene Ideenfindung bestechend. Darüber hinaus ist das Werk erwähnenswert, weil Gründer in der rechtlichen Gesamtverantwortung stehen – und dieser Themenkomplex detailliert behandelt wird.

— Hinterhuber, H. H. /Krauthammer, E. (1999): *Leadership – mehr als Management.* »Die Autoren beschreiben mit großer und sachbezogener Sachkenntnis 10 Verantwortungsbereiche, die der Leader nicht delegieren kann. Sie stellen diese Führungsaufgaben anschaulich und nachvollziehbar dar.« Diesem Zitat der *Handelszeitung* auf dem Buchumschlag ist nichts hinzuzufügen. Ein wichtiges Grundlagenwerk.

— Loibner, K. (2009): *Gewerbliche Schutzrechte im Überblick. Patentrecherche – Tipps und Tricks.* Hierbei handelt es sich um einen Beitrag mit kompakten Informationen und Hilfen für die Eigenrecherche. Sie können den Text kostenlos auf der Seite des Österreichischen Patentamts (www.patentamt.at) herunterladen.

— Limbeck, Friedhelm (2003): *Lei(d)tfaden der Patentvermarktung.* Dieser Beitrag behandelt anschaulich die Frühphase von Patenten und die daraus ableitbaren Arbeitsschritte. Er steht auf den Seiten des deutschen Bundesministeriums für Bildung und Forschung kostenlos zum Download bereit.

3
Seed- und Start-up-Phase: Das Tal des Todes im Team durchschreiten

Ziel dieses Kapitels
— Stellen Sie Ihr Unternehmen zielstrebig und kompetent auf die Beine.

Detailziele
— Entwickeln Sie Ihr eigenes Unternehmensgründerprofil.
— Bauen Sie ein Team auf, um gemeinsam das Abenteuer Innovation fortzusetzen.
— Erwerben Sie Kenntnisse für ein erfolgreiches Projektmanagement bei Ihrer Existenzgründung.
— Entscheiden Sie, welche Finanzierungsarten für Sie sinnvoll sind.

Sie haben recherchiert, Ihre Idee geprüft und analysiert und stellen fest: Die Idee ist marktfähig. Ein Exposé ist erstellt und womöglich ist ein Modell bereits in Arbeit. Sie sind sich über Ihre ersten Förder- und Finanzierungsmöglichkeiten bewusst und haben sich über notwendigen Ideenschutz informiert. Das ist eine Menge Vorarbeit, die Sie geleistet haben – nun tritt Ihre Innovation in die nächste Phase ein. Ab jetzt ist weit mehr als Ihr Erfindergeist und Ihre Arbeitskraft nötig. In Zukunft stehen Sie als Unternehmer auf dem Prüfstand fremder Personen, deren Geld und/oder Mitarbeit Sie benötigen, um die Realisierung Ihrer Idee weiter voranzutreiben.

3.1 Seed-Phase, Start-up-Phase: Was ist das?

Sie erinnern sich: Die Übergänge von einer unternehmerischen Entwicklungsphase zur nächsten sind fließend. Manche Aktivitäten zählen noch zur vorhergehenden Phase, während andere klar der nächsten zuzuordnen sind – vor allem beim Übergang von der Pre-Seed- zur Seed-Phase. Das soll Sie aber nicht weiter stören, unser Modell dient schließlich der groben Orientierung.

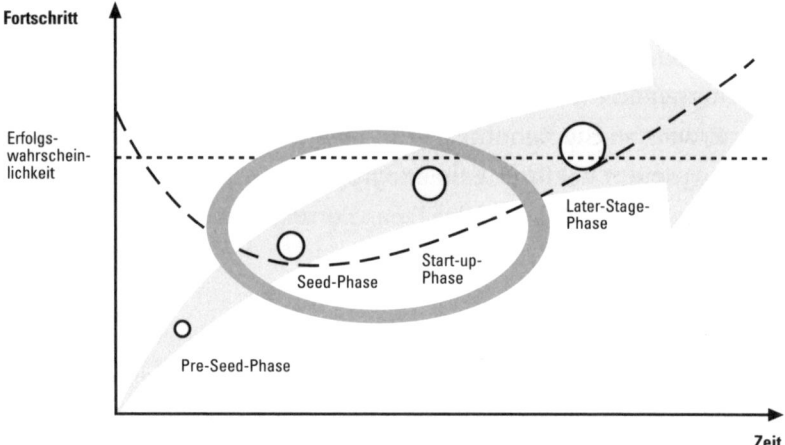

Abbildung 4: Unternehmensentwicklung in der Seed- und Start-up-Phase, in denen das größte Gefahrenpotenzial für ein Scheitern eines jungen Unternehmens lauert

Zuerst möchten wir Sie an die Begriffe Seed-Phase und Start-up-Phase heranführen. Diese werden in der Fachwelt durchaus kontrovers diskutiert und scheinen fließend ineinander überzugehen. Auf einen diesbezüglichen theoretischen Beitrag möchten wir hier verzichten. Wichtig ist für Sie in erster Linie die praktische Konsequenz.

Seed-Phase: Mit dem letzten Schritt der Pre-Seed-Phase, der Erstellung Ihres Exposés, haben Sie bereits Ihren Weg in die Öffentlichkeit vorbereitet. Die Veröffentlichung Ihrer Idee ist das zentrale Ziel der Seed-Phase. Hier geschieht schlichtweg all das, was der direkten Vorbereitung einer Unternehmensgründung dient:

— Weiterentwicklung der Idee über ein erstes Modell hinaus bis zum Prototyp,
— Zusammenstellung eines komplementären Teams,
— Sicherung der mittelfristigen finanziellen Basis.

Im Unterschied zur Pre-Seed-Phase fließen – gerade bei technischen Innovationen – jetzt bereits erste Gelder. Traurig, aber wahr: Leider sterben viele Ideen an dieser Stelle, ein Umstand, dem die Seed-Phase ihren Beinamen *valley of death*, also Tal des Todes, verdankt. Viele Ideen scheitern daran, dass für ihre Umsetzung Kapital benötigt wird, sei es zur Deckung der Lebenshaltungskosten oder für die weitere technische Entwicklung auf dem Weg vom Modell zum funktionierenden Prototyp. Wird dieses Kapital nicht aufgetrieben, ist die Idee – so gut sie auch sein mag – nicht umsetzbar.

Die gute Nachricht ist: Sie können den Tod Ihrer Idee verhindern. Vorausgesetzt, Sie haben die Vorarbeiten geleistet, die wir im vorhergehenden Kapitel diskutiert haben, und sind anhand Ihrer umfassenden, objektiven Analyse und Bewertung zu dem Schluss gelangt, dass es sich lohnt, die Idee weiter zu verfolgen. Wenn das der Fall ist, stehen

Ihre Chancen gut, an ausreichend Kapital und ein gutes Team zu kommen.

Wie bereits erwähnt, gibt es eine durchaus kontroverse Diskussion der Begriffe »Seed« und »Start-up«, was auf praktischer Ebene Verwirrung auslösen kann, wenn es um die Finanzierung einer Idee geht. Der Begriff »Seed« bedeutet Saatgut und darüber hinaus für uns bildhaft all das, was unterirdisch passiert. Eine junge Pflanze unterscheidet sich hiervon, wenn das Saatgut seine Triebe an die Erdoberfläche gebracht hat. In Übertragung bedeutet dies in unserem Zusammenhang: Pre-Seed- und Seed-Phase sind diejenigen *vor* der Gründung. Für Verwirrung sorgt auch, dass einige Banken bestimmte Produkte als Seed-Finanzierung betiteln, als unbedingte Voraussetzung jedoch eine Firmengründung vorzugsweise als GmbH erfolgt sein muss. Auf diesen Punkt angesprochen, haben uns Verantwortliche bestätigt, dass es sich bei diesen Produkten tatsächlich um Start-up-Förderungen handelt und nicht um eine klassische vorunternehmerische Seed-Finanzierung.

Das Risiko für ein Scheitern der Unternehmung ist vor der Gründung am höchsten, daher stellt sich die Frage: Ist es generell möglich, ohne Eigenkapital an eine Finanzierung zu kommen? Die Antwort lautet klar: Ja, aber. Ja, weil es möglich ist, diese Phase über Bürgschaften abzudecken. Hierauf haben sich Bürgschaftsbanken spezialisiert, mit denen Ihre Hausbank in Kontakt stehen sollte. Aber, weil es notwendig ist, selbst für einen Übergangzeitraum mindestens eine Einzelfirma zu gründen, in die Sie kein Kapital einbringen müssen (bei einer GmbH sind es hingegen derzeit 25 000 Euro). Die Gründung einer Einzelfirma ist in Deutschland leicht möglich: mit einem Gewerbeschein, Kosten circa 25 Euro. Als Einzelunternehmer gelten Sie rechtlich als Kaufmann und sind als solcher regressfähig und -pflichtig. Aus diesem Grund versuchen die meisten Einzelkaufleute, schnellstmöglich eine GmbH zu gründen und dieser dann auch einen Großteil der Haftbarkeit zu übertragen.

Einzelgründung. Sollten Sie sich dazu entschließen, eine Einzelfirma zu gründen, so können Sie gemeinsam mit Ihrer Hausbank an Bürgschaftsbanken herantreten. (Diesen Weg empfehlen wir.) Diese übernehmen Ihrer Hausbank gegenüber nach sorgfältiger Prüfung und positiver Beurteilung Ihrer Idee in der Regel eine 60- bis 80-prozentige Ausfallhaftung. Die »Ausfallhaftung« tritt ein, wenn Sie den Forderungen Ihrer Hausbank aus irgendeinem Grund nicht mehr nachkommen können. Dann springt die Bürgschaftsbank ein und Sie wären für die restlichen 20 bis 40 Prozent des aufgenommenen Kredits haftbar. Bürgschaftsbanken bürgen in der Regel für Beträge zwischen 25 000 und 150 000 Euro. Dafür, gemeinsam mit Ihrer Hausbank an Bürgschaftsbanken heranzutreten, sprechen einige Argumente, vor allem aber das, dass Sie an Gelder herankommen können, die Sie derzeit nicht haben, zur weiteren Realisierung Ihrer Idee jedoch dringend benötigen.

Es gibt einige Bürgschaftsbanken, an die Sie direkt herantreten können, ohne Ihre Hausbank hinzuzuziehen. In der Bankenbranche wird dieser Weg als »Bürgschaft ohne Banken«, kurz »BoB« bezeichnet. Das deutsche Bundesministerium für Wirtschaft warnt explizit davor, für eine Bürgschaft an Verwandte oder Freunde heranzutreten. Lobenswert, denn im Fall des Scheiterns wird bei solchen Konstellationen viel Porzellan zerbrochen.[37]

Das EXIST-Programm[38] ist eine besondere Fördermöglichkeit innerhalb des Seed-Phase. Damit unterstützt die deutsche Regierung gründungswillige Technologieentwickler aus Hochschulen und außeruniversitären Forschungseinrichtungen, die ihre Gründungsidee in einen Businessplan umsetzen möchten … Die Prüfung der Ideen übernimmt

---

37   http://www.existenzgruender.de/selbstaendigkeit/finanzierung/foerderpro-
gramme/00 599/index.php
38   Mehr Information unter http://www.exist.de

in diesem Fall die Projektträger Jülich (PtJ) Forschungszentrum Jülich GmbH.

Start-up-Phase: Der Beginn dieser Phase ist der einzige exakt bestimmbare, da Sie hier zu Ihrer zuständigen Institution gehen (Behörde oder Notar), um Ihr Unternehmen zu gründen. Die unkomplizierteste Gründungsvariante ist die einer Einzelfirma, bei der Sie lediglich ein Gewerbe anmelden. Im Gegensatz zur Schweiz und zu Österreich können Sie sich in Deutschland dafür einfach an Ihre kommunale Behörde wenden. Mit dieser Gewerbeanmeldung und einem Geschäftsplan ausgerüstet können Sie bereits Darlehensangebote für Existenzgründer beantragen. Der Haken: Sie haften zu 100 Prozent für Ihr gesamtes Geschäftsgebaren. Aus diesem Grund hat man in Österreich und in der Schweiz für Gründungsinteressierte eine Art »Unternehmerführerschein« eingeführt, den man durch eine Reihe von verpflichtenden Kursen erlangt, die mit Prüfungen verbunden sind. Dadurch soll sichergestellt werden, dass Gründungswillige über ein Minimum an kaufmännischem Verständnis verfügen.

Neben dem Einzelunternehmen ist die zweithäufigste Gründungsvariante eine Gesellschaft mit beschränkter Haftung (GmbH). Hierzu benötigen Sie jedoch Stammkapital von mindestens 25 000 Euro, welches Sie dem Notar bei der Gründung nachweisen müssen. Es ist für Gründungsinteressierte jedoch oft nicht möglich, diese Summe aus den eigenen Kapitalreserven aufzubringen. Viele gehen hier den Weg, ein Existenzgründerdarlehen bei einer Bürgschaftsbank aufzunehmen, die Einlage vorzuweisen und dann das Kapital wieder zu verwerten.

Tipp: Wenn Sie sich ernsthaft mit dem Thema Existenzgründung beschäftigen, empfiehlt sich auf jeden Fall die Kontaktaufnahme zu einer Steuerberatungskanzlei. Hier gibt es Fachleute, die sich auf Start-up-Unternehmen spezialisiert haben – sicherlich auch in Ihrer Nähe.

Was die finanzielle Grundausstattung in der Start-up-Phase betrifft, gibt es deutlich bessere Möglichkeiten für diejenigen, die aus dem Bereich der Hochtechnologie kommen. Die nationalen Wirtschaftsministerien Deutschlands und Österreichs haben für diese Segmente besondere Fonds angelegt, verbinden eine Kreditvergabe aber in der Regel mit der Übernahme von Unternehmensanteilen und der Beistellung eigener Coachs. In der Schweiz wird alles kantonal geregelt, funktioniert allerdings in der Regel sehr ähnlich. In Deutschland können sich Gründungswillige meist nicht direkt an die Bürgschaftsbanken wenden, die beispielsweise Zugriff auf den »High-Tech Gründerfonds« haben. Der Antrag läuft stets über die Hausbank. Das Procedere ist auf den Austria Wirtschaftsservice (AWS) übertragbar, das österreichische Pendant zum High-Tech Gründerfonds.

Folgendes Szenario ist beispielsweise für einen Existenzgründer aus Bayern denkbar: Die Bayern Kapital GmbH hat für Gründungswillige aus dem Technologiebereich den »Seedfonds Bayern« eingerichtet. Dieser dient zur Anschubfinanzierung in einer sehr frühen Phase, um Prototypen oder Nullserien entwickeln und vermarkten zu können. Die Bayern Kapital GmbH vermittelt unter anderem Kontakt zu Personen und Gruppen, die dabei helfen, das notwendige Startkapital in Höhe von 80 000 Euro zu stellen. Dies können Business-Angels, Venture-Capital-Gesellschaften oder Kapitalbeteiligungsgesellschaften sein (die Begriffe werden in der Folge noch genau erklärt). Auch Bürgschaftsbanken sind denkbar, die eine 80-prozentige Bürgschaft für das Kapital in Höhe von 25 000 bis 150 000 Euro übernehmen. Das bedeutet, dass Sie als Existenzgründer in der Early-Stage- und Later-Stage-Phase ordentliche Gewinnspannen erwirtschaften müssen, um die Kredite zurückzahlen zu können und zudem noch Business-Angels oder die Bürgschaftsbanken zu bedienen. Kräftige Gewinnmargen sind in der Hochtechnologie allerdings bei entsprechenden Innovationen durchaus realistisch.

Die Gewährung von Seed-Kapital bindet die Bayern Kapital an die Zusammenarbeit mit einem Coach, was für Sie eigentlich nur von Vorteil ist. Denn so erhalten Sie nicht nur notwendiges branchenspezifisches Know-how, sondern auch über Netzwerke zusätzlich Kontakt zu weiteren potenziellen Kapitalgebern. Voraussetzung ist, dass Sie 80 000 Euro an Eigenkapital stellen. Lässt Ihre Idee ein längerfristiges Alleinstellungsmerkmal in einem der Wachstumsmärkte erwarten, helfen Ihnen die Seed-Finanzierer bei der Suche nach Business-Angels oder Venture-Capitals, um diesen Betrag aufzubringen.

Fazit: Die Aufgaben in der Seed- und Start-up-Phase sind sehr komplex und werden für Sie eine Herausforderung. Sie können ihr allein entgegentreten, was ein ungleich höheres Potenzial des Scheiterns in sich birgt, oder im Team mit vereinten Kräften in das Abenteuer Innovation starten. Lassen Sie sich nicht abschrecken, denn jetzt liegt der spannendste Teil des Weges vor Ihnen! Vertrauen Sie auf Ihre Recherchen und denken Sie daran: Jede Menge Fachleute stärken Ihnen den Rücken, wenn Sie es zulassen.

3.2   Existenzgründer: Führungsperson im Team

Wir haben bereits mehrfach darauf hingewiesen, dass eine Gründung im Team deutlich größere Chancen hat, das Tal des Todes erfolgreich zu durchschreiten, als ein Alleingang ins Abenteuer Innovation. Abbildung 6 fasst Faktoren für Erfolg und Misserfolg von Unternehmensgründungen zusammen und ergänzt unsere Gründe für das Scheitern aus Kapitel 1.4. Sie bestätigt unsere Empfehlung: Gründen Sie aus einem Team sich ergänzender Akteure!

Gründermerkmale	Erfolg	Misserfolg
Gründung im Team oder durch Einzelpersonen	überwiegend Teamgründungen (76 Prozent)	überwiegend Einzelunternehmen (60 Prozent)
Anzahl der Gründer	überdurchschnittlich oft 3 oder mehr Personen	kleiner Personenkreis
Alter der Gründer beim Schritt in die Selbstständigkeit	selten junge Gründer, überdurchschnittlich oft Gründer der mittleren Altersgruppe	überdurchschnittlich häufig junge Gründer, seltener Gründer der mittleren Altersgruppe
Zusammenarbeit in der Forschung und Entwicklung	doppelt so häufige Zusammenarbeit mit externen F&E-Einrichtungen	wenig Zusammenarbeit
Finanzierungsengpässe	wenn Engpässe, ohne Komplikationen für das Unternehmenskonzept	deutlich überdurchschnittliche Modifikation des Konzeptes erforderlich
Gründungsvorbereitung	überdurchschnittlich häufig systematische Gründungsvorbereitung, nur zweimal Entstehung im Trial-und-Error-Verfahren	in keinem Fall systematische Gründungsvorbereitung, überdurchschnittlich häufig Entstehung im Trial-und-Error-Verfahren

Abbildung 5: Erfolgs- und Misserfolgsmerkmale von jungen Technologieunternehmen[39]

---

39   Dowling, M. (2003): »Erfolgs- und Risikofaktoren bei Neugründungen«, in: Dowling, M./Drumm H.-J. (2003): *Gründungsmanagement. Vom erfolgreichen Unternehmensstart zu dauerhaftem Wachstum.* Heidelberg/Berlin, S. 27.

In jedem Fall – egal ob Gründung im Alleingang oder im Team – steht Ihnen ein Rollenwechsel bevor. Damit wollen wir uns in diesem Kapitel genauer befassen.

— Sie werden zu einem Unternehmer, was mit vielen neuen Freiheiten und Zwängen einhergeht.
— Sie werden zu einer Führungsperson, wenn Sie im Team gründen.
— Sie sind zunächst Projektinitiator und im weiteren Verlauf der Projektentwicklung werden Sie eventuell auch die Rolle der Projektleitung übernehmen, wenn Sie es wollen.

Kapitalgeber machen Investitionen in erster Linie von den Persönlichkeiten im Team und dann erst von der Idee/Innovation abhängig. Die Zahl 3 kursiert bei Start-up-Unternehmen auffällig häufig. Dies hat einen guten Grund, da vor allem folgende wesentliche Tätigkeiten durch Spezialisten im Dreiergespann abgedeckt werden:

— *Forschung und Entwicklung:* Das sind im Regelfall Sie, der Ideeninhaber mit der Vision, diese umzusetzen. Meist sind Sie derjenige, der von der technischen Zeichnung bis zur (in Auftrag gegebenen) Anfertigung des Prototyps beziehungsweise der Nullserie für alles Technische verantwortlich ist.
— *Finanzen:* Hierbei sollte es sich um jemanden handeln, der Erfahrungen sowohl in der rückwärts orientierten Darstellung unternehmerischer Daten vorweisen kann (für die Kooperation mit Steuerberatern und Finanzämtern und die Verhandlungen mit Banken etc.) als auch finanzstrategisch nach- und vorbereiten kann.
— *Vertrieb:* Gerade beim Vertrieb von Pionierprodukten brauchen Sie einen erfahrenen Verkaufsprofi mit Branchenkenntnissen und guter Vernetzung, damit Sie schnell Zugang zu relevanten Märkten erhalten.

Ihr Team im weiteren Sinne setzt sich aus Ihrem Steuerberater, Ihrem Ansprechpartner bei der Handwerks- beziehungsweise Wirtschaftskammer, Mitarbeitern von Ämtern und Behörden, gegebenenfalls Patentanwälten und natürlich Ihrem Bankberater zusammen.

3.2.1 Bestandsaufnahme: Merkmale einer Führungspersönlichkeit

Welche Führungsqualitäten haben Sie bereits? Das ist die Frage, die wir jetzt beantworten wollen. Zu diesem Zweck haben wir für Sie einen Fragebogen zusammengestellt. Im ersten Schritt sollen Sie sich selbst einschätzen. Ersetzen Sie dabei in Gedanken »Gründer« jeweils durch »mich« – oder kopieren Sie den Fragebogen und bessern Sie es in der Kopie aus, wenn Ihnen das die Beantwortung erleichtert. Diese Selbsteinschätzung soll Ihnen dabei helfen, Ihre Fähigkeiten als Führungsperson zu bewerten. Es geht dabei um

— allgemeine Persönlichkeitsmerkmale,
— gründerspezifische Merkmale,
— allgemeine kaufmännische Kenntnisse,
— spezielle kaufmännische Kenntnisse.

Der Ausprägungsgrad 5 bedeutet im Fragebogen, dass Sie sich bei der betreffenden Eigenschaft oder den betreffenden Kenntnissen sehr hohe Kompetenz zuschreiben. Im Umkehrschluss bedeutet der Ausprägungsgrad 1, dass Sie sich selbst eher geringe Kompetenzen zuschreiben.

Der Fragebogen dient weder der Selbstbeweihräucherung noch der Feststellung, dass Sie keine Führungspersönlichkeit sind und somit das Abenteuer Innovation lieber abbrechen sollten. Er gibt Ihnen aber wichtige Hinweise darauf, in welchen Bereichen Sie stark sind und in welchen es Verbesserungsbedarf gibt. Solche Defizite auszugleichen ist grundlegend für den Erfolg Ihres potenziellen Unternehmens (siehe Kapitel 1.4). Entweder bilden Sie sich selbst in den betreffenden Gebieten weiter oder Sie suchen nach einem geeigneten Teammitglied, das die benötigten Kompetenzen mitbringt. Selbst für den Extremfall gibt es eine Lösung: Wenn Sie feststellen, dass Sie eigentlich keine Führungspersönlichkeit sind, übertragen Sie dem Coach, den viele Seed-Kapitalgeber an die Vergabe von Geldern binden, die Leitung bei der Realisierung Ihrer Idee. Sie selbst bringen sich weiter als Entwickler und Erfinder von neuen Ideen ein.

Allgemeine Persönlichkeitsmerkmale	Ausprägung				
Ich halte den Gründer für	5	4	3	2	1
leistungsorientiert					
eigeninitiativ					
eine Person mit Selbstvertrauen					
beruflich belastbar					
privat kaum ausgelastet					
beharrlich hinsichtlich der »Durchhaltekraft«					
stressresistent					
durchsetzungsfähig					
fachlich kompetent im Bereich der vorgetragenen Idee					
kommunikationsstark					
Gründerspezifische Persönlichkeitsmerkmale	Ausprägung				
Ich halte den Gründer für	5	4	3	2	1
kreativ (Ideen haben und diese entwickeln)					

innovativ (eine Idee marktfähig umsetzen)					
eigenverantwortlich					
diszipliniert					
begeisternd oder charismatisch					
integrierend					
Allgemeine kaufmännische Kompetenz	**Ausprägung**				
Ich halte den Gründer für jemanden	**5**	**4**	**3**	**2**	**1**
mit kalkulatorischen Kompetenzen					
mit Kenntnissen in der Buchführung					
mit Kenntnissen im Steuerrecht					
mit Kenntnissen in der Start-up-Problematik					
mit der Fähigkeit, eine Wachstumsstrategie zu entwickeln					
mit der Kompetenz, Wachstumsfehler frühzeitig zu erkennen					
mit personalwirtschaftlichen Kenntnissen					
mit der Erfahrung, einen Businessplan erstellen zu können					
der mit Risikomanagement-Systemen arbeiten kann					
der eine Marketingstrategie konzipieren kann					
Spezielle kaufmännische Kompetenz	**Ausprägung**				
Ich halte den Gründer für jemanden	**5**	**4**	**3**	**2**	**1**
mit Marktkenntnissen im relevanten Segment					
mit Zugang zu Unternehmensnetzwerken					
mit Kontakten in die öffentliche Förderlandschaft					

mit Kontakten in die privatwirtschaftliche Investoren-Landschaft					
mit Kenntnissen im relevanten Patent-/Markensegment					
der Standort und lokale Netzwerke kennt					
mit einem hinreichenden Beweggrund für die Gründung					

Abbildung 6: Fragebogen zur Führungspersönlichkeit

Jetzt wissen Sie, wie Sie sich selbst als Führungsperson einschätzen – aber was ist mit Außenstehenden? Wie wirken Sie auf andere? Um das herauszufinden, bitten Sie einfach einige Vertrauenspersonen, den Fragebogen zu Ihrer Person auszufüllen. Diese Erkenntnisse zeigen Ihnen, wie Sie von anderen wahrgenommen werden. Vergleichen Sie die Fremdeinschätzung Ihrer Vertrauten mit Ihren eigenen Ergebnissen: Wo gibt es Abweichungen zwischen Ihrer Selbstwahrnehmung und der Fremdwahrnehmung? Nehmen Sie sachliche Kritik offen an. Diskutieren Sie gemeinsam mit Ihren Vertrauenspersonen hinsichtlich einer Unternehmensgründung die Konsequenzen aus der Fremd- und Selbsteinschätzung.

Die Ergebnisse aus dem Fragebogen können Sie tabellarisch erfassen. Eine Visualisierung der Werte, zum Beispiel in einem Profilradar, hat den Vorteil, dass Sie Stärken und Schwächen schneller sichtbar macht.

Ein Profilradar können Sie mit Tabellenkalkulationsprogrammen (zum Beispiel Microsoft Excel) ganz leicht erstellen. Bei diesen Netzdiagrammen werden von einem Mittelpunkt aus die zu bewertenden Faktoren auf den Sektoren eines Kreises abgebildet. Die Bewertung wird symbolisch durch den relativen Abstand des Bewertungspunktes zum

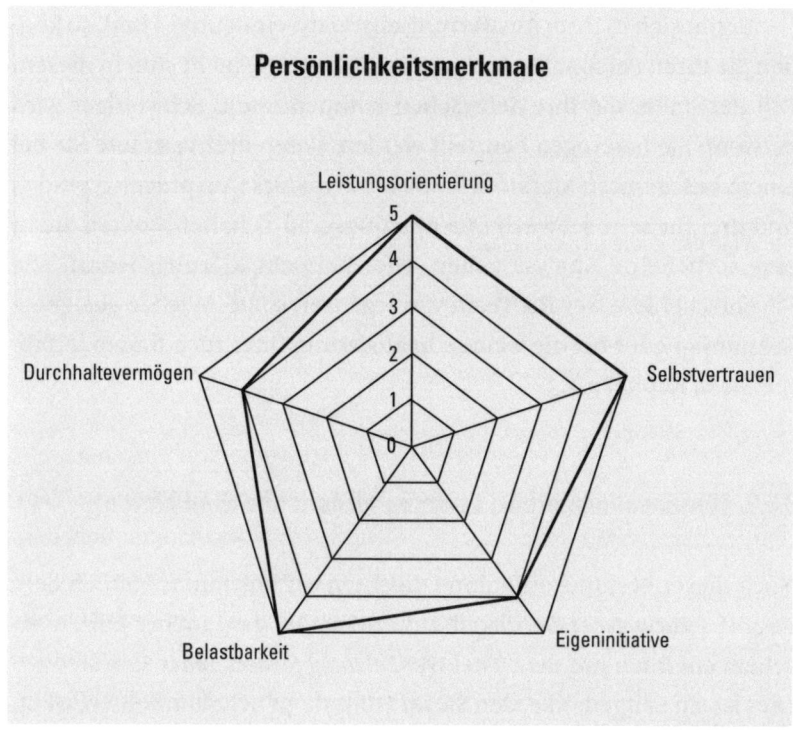

Abbildung 7: Im Profilradar steht jeder Eckpunkt für einen Kompetenzbereich, wobei stärkere Tendenzen außen, schwächere Tendenzen innen abgebildet sind.

Mittelpunkt erfasst. Außen liegende Punkte würden dabei den Idealzustand wiedergeben, das heißt alles, was Sie mit 5 bewertet haben. Wie viele Datensätze Sie in dem Radar abbilden, bleibt Ihnen überlassen. Sie können wenige wichtige Merkmale der vier Oberbegriffe (allgemeine Persönlichkeitsmerkmale, gründerspezifische Merkmale, allgemeine und spezielle kaufmännische Kenntnisse) visualisieren, aber auch ein feingliedriges Profilradar mit allen abgefragten Merkmalen erstellen. Arbeiten Sie in diesem Fall am besten mit unterschiedlichen Farben, dann bleibt die Abbildung übersichtlich.

Ergibt sich in Ihrer Auswertung ein relativ eindeutiges Bild, so können Sie Ihren Personalbedarf gut einschätzen: Gesucht sind in diesem Fall Personen, die Ihre Schwächen kompensieren. Schwieriger wird es, wenn Sie heterogen beurteilt werden: Wenn drei Vertraute Sie bei einem bestimmten Merkmal für besonders stark (Ausprägungsgrad 5) und drei für sehr schwach (Ausprägungsgrad 1) halten, sollten Sie in eine vertiefende Analyse gehen. Hier herrscht Klärungsbedarf, ehe Sie entscheiden, wer Ihr Team wie ergänzen sollte. Wie Sie geeignete Teammitglieder für die weitere Realisierung Ihrer Idee finden, erfahren Sie in Kapitel 3.2.3.

3.2.2 Führungskompetenz: Leistung fordern und Sinn bieten

Nach dieser Bestandsaufnahme möchten wir uns nun inhaltlich dem Begriff *Führungspersönlichkeit* zuwenden. In den 1980er-Jahren erschien ein Buch mit dem Titel *Wer Leistung fordert, muss Sinn bieten.*[40] Dies ist ein Leitgedanke, den Sie im Hinterkopf behalten sollten, wenn Sie Ihr Exposé entwickeln.

Sie verlangen einem potenziellen Teammitglied eine Menge ab: Zu Beginn der Seed-Phase können Sie meist Mitarbeiter noch nicht entlohnen. Aber kompetente Köpfe in Ihrem Team brauchen Sie dringend, damit Ihre Unternehmensidee wachsen und gedeihen kann. Das bedeutet, Sie sind zunächst darauf angewiesen, dass Ihre Mitstreiter freiwillig helfen und auch mit einer späteren Vergütung einverstanden sind. Stellen Sie sich beim Verfassen Ihres Exposés also folgende Fragen: Warum sollte Sie jemand durch seine Mitarbeit unterstützen, ohne dafür finanziell entlohnt zu werden? Welchen Ansporn können Sie finden, der einen Experten mit den gesuchten Kenntnissen dazu

---

40   Böckmann, W. (1984): *Wer Leistung fordert, muss Sinn bieten.* Düsseldorf.

bringt, über die Risiken hinwegzusehen und in Ihr Abenteuer Innovation einzusteigen – obwohl derjenige womöglich einen sicheren Job mit fixem Gehalt hat?

Einen solchen Ansporn bildet zum Beispiel ein Vergütungssystem, vor allem die Aussicht auf Unternehmensanteile, die Sie in Seed- und Start-up-Phase als Verhandlungsgegenstand in die Waagschale legen können. Das ist der monetäre Anreiz für einen Einstieg in das neue Unternehmen. Immaterielle Anreize sind womöglich fast ausschlaggebender. Für den einen ist es die Neugierde, für einen anderen die neue Herausforderung in einem kleinen Team oder eine Veränderung oder Ausweitung des Aufgabenbereichs. Fragen Sie sich deshalb: Was motiviert den neuen Mitarbeiter dazu, sich in Ihr Unternehmen einzubringen? Konkreter: Warum könnte sich beispielsweise ein Mitarbeiter aus einem Großunternehmen besser mit dem Produkt eines Start-up-Unternehmens identifizieren? Wie kann ein Teamplayer möglichst direkt in den Gesamtprozess eingebunden werden?

Doch bloße Versprechungen im Exposé reichen nicht. Es müssen natürlich Taten folgen – im Erstgespräch und in der späteren Zusammenarbeit. Um Ihre Positionierung als Führungspersönlichkeit von Anfang an optimal vorzubereiten, empfehlen wir Ihnen:

Stellen Sie Anerkennung und Leistung in Aussicht. Gerade in Kleinunternehmen in der Seed- und Start-up-Phase spielt der Faktor Individualität eine wesentliche Rolle. Nachdem der potenzielle Mitarbeiter Ihr Exposé gelesen hat, wird er beim ersten Gesprächs sicher mitteilen, unter welchen Konditionen er sich eine Mitarbeit vorstellen kann. Im Gegenzug sollten Sie darstellen, wie Sie Leistung definieren und welche Anerkennung der Mitarbeiter bei erbrachter Leistung erwarten darf. Erklären Sie, welches Vergütungssystem Sie im Sinn haben.

An dieser Stelle wollen wir den Begriff Leistung kurz vertiefen: Das *Gabler Wirtschaftslexikon* definiert Leistung als gelungenes Ergebnis eines betrieblichen Erzeugungsprozesses.[41] Die Autoren unterteilen diesen Prozess in zwei Facetten, die einander durchaus ergänzen können: den quantifizierten Output (zum Beispiel Stückzahlen im Produktionsprozess, Absatzzahlen im Vertrieb, Effektivitäts- und Effizienzsteigerung durch internes Controlling) sowie die Optimierung des Prozessergebnisses, also all das, was unter dem Strich für Ihr Unternehmen als tatsächlicher Gewinn übrig bleibt (im Fachjargon spricht man vom Erlös). Für Sie gilt es bezüglich der oben genannten Punkte, Ihren zukünftigen Gesprächspartnern den Spagat bei der »Erprobung des Möglichen vor dem Hintergrund des Wirklichen«[42] zu verdeutlichen. Dies ist deshalb so schwierig, weil für Sie immer die Realisierung Ihrer Idee im Vordergrund stehen muss, Sie aber gleichzeitig Offenheit bei den Verhandlungen mit Partnern zeigen müssen. Leistung abzuverlangen bedeutet somit auch, Ihre Idee mit anderen zu teilen und Verantwortung abzugeben zu können.

Motivieren Sie Ihre potenziellen Mitarbeiterinnen und Mitarbeiter. Generell wird in der Motivationsforschung zwischen extrinsischer und intrinsischer Motivation unterschieden. Zur extrinsischen Motivation zählt alles, was Sie in der Rolle des Unternehmers dazu beitragen können, damit Ihre Teammitglieder ihre optimale Leistung abrufen. Hierzu zählen zum Beispiel Bonuszahlungen und Sonderurlaube. Ziel aller extrinsischen ist jedoch die intrinsische Motivation. Diese kommt von innen heraus, was gerade in der Seed- und frühen Start-up-Phase nötig ist. Sie werden zu Beginn der Mitarbeitersuche wahrscheinlich eine Vielzahl vergeblicher Sondierungsgespräche führen. Ihnen sollte es aber trotz dieser Rückschläge gelingen, ausreichend

41 Gabler Verlag (Hg.), *Gabler Wirtschaftslexikon*, Stichwort »Leistung«, http://wirtschaftslexikon.gabler.de/Archiv/3569/leistung-v5.html
42 Zimbardo, P. (2005).

Interessierte zu finden, mit denen Sie sich eine dauerhafte, vertrauensvolle Zusammenarbeit vorstellen können. Versuchen Sie im Gespräch herauszufinden, was einen Interessenten besonders an Ihrem Gründungsvorhaben anspricht, wie er sich seinen Beitrag im Unternehmen vorstellen kann und welche Erwartungen er hat. Aus den Antworten können Sie Rückschlüsse auf die Motivation des Bewerbers ziehen. Beachten Sie bitte bei Ihren Gesprächen: Nur allzu oft reden Menschen von Motivation, meinen aber eher Manipulation zu ihren Gunsten, auch wenn sie dies nie zugeben würden. Manche tun es unbewusst, andere schmieren Ihnen womöglich bewusst Honig um den Bart. Doch keine Sorge, wenn Sie aufmerksam und sensibel bleiben, das gesamte Auftreten des Bewerbers und seine Körpersprache beobachten, lernen Sie schnell, Typen voneinander zu unterscheiden. Vertrauen Sie auf Ihre Menschenkenntnis.

Zeigen Sie ab dem ersten Treffen klar auf, was Sie wie mit wem erreichen wollen. »Führung« und »führen« bedeutet zuerst einmal, dass derjenige, der sich auskennt, denjenigen, die sich nicht auskennen, den Weg weist. Auf unseren Kontext übertragen bedeutet es: Sie haben die Idee und die dazugehörige Vision. Daher können nur Sie wissen, wohin das Abenteuer Innovation gehen soll, Sie legen also die Führungsziele fest. Alle weiteren Personen können lediglich ihren speziellen Teil zur Umsetzung beitragen. Zeigen Sie Führungskompetenz, indem Sie möglichst klare Antworten geben und dort Klärungsbedarf verbalisieren, wo Sie noch keine Antworten haben. Führungskompetenz bedeutet, Entscheidungen zu treffen, die für die Weiterentwicklung von Projekt und Unternehmen als Ganzem wichtig und vor allem richtig sind. Hierzu ist es unerlässlich, das Team richtig einzusetzen und zu koordinieren. Klare Aufgaben sollten dabei einerseits mit deutlich abgegrenzten Kompetenzbereichen einhergehen und zugleich sollte für jeden das Große und Ganze stets präsent und überschaubar bleiben.

»Delegieren können« heißt das Zauberwort für eine gute Führungsperson. Oft genug erleben wir, dass Gründer einerseits Aufgaben verteilen, dann aber doch selbst viel zu sehr in die Verantwortungsbereiche der Teamkollegen eingreifen. Das ist nachvollziehbar, wenn man bedenkt, wie lange der Ideeninhaber allein in seinem stillen Kämmerlein an der Idee herumgetüftelt hat. Nach der oft langen und einsamen Pre-Seed-Phase heißt es nun aber: Bleiben Sie geduldig. Delegieren Sie Aufgaben an das Team, und warten Sie die Arbeitsergebnisse der Teammitglieder ab, ohne vorschnell zu intervenieren.

Warum ist Führungskompetenz so wichtig?

— *Führungskompetenz bedeutet, den Überblick zu behalten.* Nur Sie als Ideeninhaber und Projektinitiator können die unterschiedlichsten Charaktere mit den verschiedensten Fachkompetenzen unter dem Credo der »ganzheitlichen Ergebnisorientierung« zusammenführen. Diesen Begriff in Idealform umzusetzen, bedeutet »aus dem Ganzen mehr zu machen, als die Summe seiner Teile« (Aristoteles) ergibt. Auf Ihr Führungsverhalten kommt es besonders in der Seed-Phase an. Wenn Rückschläge Ihr Team ereilen, müssen Sie die enttäuschten Kollegen wieder auf das Gesamtziel einschwören, positive Stimmung aufbauen und motivieren.

— *Führungskompetenz bedeutet, das Team in Freud und Leid beisammenzuhalten.* Die Seed- und Start-up-Phase werden erfahrungsgemäß von sehr starken Stimmungsschwankungen im gesamten Team begleitet. Viele zentrale Entscheidungen stehen noch auf Messers Schneide: Bekommen wir die Kreditzusage? Funktioniert der Prototyp? Kein Wunder, dass manchmal die Nerven blank liegen. Bis das Unternehmen auf soliden Beinen steht, kommen immer wieder solche Fragen auf. Hier sind Sie als Führungsperson gefragt: Bei Rückschlägen müssen Sie das Team emotional aufbauen und zu neuen Taten motivieren. Bei positiven Ereignissen müssen Sie nach dem Freudentaumel dafür sorgen, dass alle trotz der Euphorie »auf dem Teppich« bleiben.

3.3 Team: Kompetenzen bündeln

3.3.1 Teamplayer gesucht: Kontakt zu potenziellen Mitarbeitern

Sie stehen vor der Frage, wie Sie aus der derzeitigen Anonymität herauskommen und Kontakt zu potenziellen Teammitgliedern aufbauen. Aus der Vielzahl von Möglichkeiten werden wir hier lediglich exemplarisch einige nennen. Nehmen Sie diese Vorschläge als erste Anhaltspunkte, um im Rahmen eigener Recherchen auf Ihre Branche bezogen vertieft auf die Suche zu gehen. Bevor Sie das tun, sollten Sie die zusätzlichen, relevanten Informationen für potenzielle Mitarbeiter in Ihr Exposé einarbeiten.

— *Gespräche mit Mitarbeitern Ihrer Hausbank.* Die meisten Berater haben gute Kontakte in den unterschiedlichsten Branchen. Banken sind die Orte, wo vom Klein- und Kleinstunternehmer bis hin zum großen Investor alles vertreten ist. Der eine muss einen Kredit aufnehmen, der andere will Geld gewinnbringend anlegen und über den obligatorischen Small Talk beim Beratungsgespräch erfährt der Bankmitarbeiter von bevorstehenden beruflichen Veränderungen oder ähnlichen Dingen. Deuten Sie ruhig im Gespräch mit Ihrer Hausbank an, dass Sie beispielsweise einen Handwerker suchen, der Ihnen beim Bau eines Musters oder Prototyps helfen soll.

— *Gespräche mit den Innovationsberatern der Kammern.* Ähnlich ist die

Situation bei den Innovationsberatern der Handwerkskammern, den Wirtschafts-, Industrie- und Handelskammern: Von Investoren über Coachs, die Start-up-Unternehmen bereits ab der Seed-Phase begleiten, bis hin zu Handwerkern gibt es auch hier ein exzellentes Netzwerk, über das Sie all Ihre Bedarfsbereiche abdecken können. Meist nennt man Ihnen gleich mehrere potenzielle Ansprechpartner.

— *Businessplan-Wettbewerbe.* Viele größere Kommunen (zum Beispiel München, Wien, Zürich), Kantone oder/und Regionen beziehungsweise Bundesländer organisieren Businessplan-Wettbewerbe. Meist sind dabei auch viele Banken aktiv. Ein zuverlässiges Kriterium für gute Ausrichter ist es, wenn diese gerade für den Beginn eines Zyklus eine intensive Kennenlernphase einplanen. Beim Münchener Business Plan Wettbewerb beispielsweise nennt man derlei Treffen Jour fixe. Bei diesen Anlässen trifft man auf Coachs, die vom Veranstalter eingeladen werden und anfangs unentgeltliches Coaching anbieten. Sie verfügen in der Regel über branchenrelevante Netzwerke und wichtige Kontakte zu interessanten Partnern. Aber auch mit den anderen Teilnehmern können Sie wertvolle Kontakte knüpfen.

— *Messen und Ausstellungen.* Von großen Messen wie der Handwerksmesse in München über Fachmessen und -tagungen bis hin zu reinen Entrepreneur- oder Existenzgründermessen gibt es die Möglichkeit, mehr oder weniger branchenspezifische Partner zu finden.

Selbstverständlich können Sie auch alle verfügbaren Medien aktivieren, um auf sich und Ihre Idee aufmerksam zu machen (Fachzeitschrift, Tageszeitung, Internet).

Tipp: Alle Personen, die Sie ansprechen, benötigen ein Exposé, um sich ein Bild von Ihrem Vorhaben machen zu können. Achten Sie in Ihrem Interesse darauf, nur die notwendigsten Details der Idee preiszugeben.

Arbeiten Sie aber im Exposé unbedingt eine klare Motivation für die potenziellen Mitstreiter heraus.

Erwarten Sie nicht, dass jedes Gespräch zu sofortigem und dauerhaftem Erfolg führt. Die Seed-Phase ist eben eine Teamfindungsphase. Neue Interessenten kommen an Bord, während andere das Boot bereits nach einigen Gesprächen wieder verlassen. Früher oder später, nach vielen Einzelgesprächen, laden Sie alle potenziellen Teammitglieder zum ersten Zusammentreffen, dem Kick-off-Meeting ein.

3.3.2 Kick-off-Meeting: Meilenstein der Seed-Phase

Das Kick-off-Meeting ist ein wichtiger Meilenstein der Seed-Phase. Alle, die hier erscheinen, wollen weniger eine einstudierte, perfekte Power-Point-Präsentation sehen als vielmehr klare Strukturen, Gesprächsführungs- und Zeitmanagement und vor allem Authentizität. Generell gilt beim ersten Treffen, dass eingangs alle Augen auf Sie gerichtet sind. Umso wichtiger ist es, die Projektidee überzeugend darzustellen und jeden Sitzungsteilnehmer mit Wertschätzung zu behandeln. Keiner der Anwesenden wäre gekommen, wenn Sie ihm als Illusionär, Träumer oder gar als Unsympath begegnet wären. Also: Nur Mut!

Nichts ist schlimmer als unstrukturierte Sitzungen, die im Irgendwo beginnen und im Nirgendwo enden. Daher hilft Ihnen ein klarer Ablauf dabei, im Vorfeld über die Ziele der Sitzung zu informieren, Meilensteine zu definieren und für erreicht zu erklären, Arbeitspakete abzuleiten und ein Projektmanagementsystem zu etablieren.

Vorstellung der Idee. An erster Stelle des Kick-off-Meetings steht die kurze Einführung, um alle Anwesenden auf das Treffen einzustimmen. Stellen Sie zunächst die Idee nochmals vor. Dies kann wesentlich oberflächlicher geschehen als während der Einzelgespräche, die Sie vor dem Kick-off-Meeting mit allen Interessenten geführt haben. Oftmals ergibt sich hier bereits eine erste, meist fruchtbare Diskussion, wenn Sie diese Einführung länger gestalten als zwei bis drei Minuten. Es wäre jedoch sinnvoller, sich an dieser Stelle betont kurz und knapp zu halten, damit im Anschluss an die Vorstellung der Teilnehmer eine fachliche Diskussion beginnen kann.

Vorstellung der Teilnehmer. Erläutern Sie als Nächstes, warum Sie welche Person ausgewählt haben. Heben Sie die besonderen Kompetenzen des Einzelnen hervor. Es ist sinnvoll, dass sich zunächst alle Gesprächspartner kennenlernen. Beruflicher und privater Hintergrund mit den wesentlichen Meilensteinen des bisherigen Lebens sind für alle Sitzungsteilnehmer interessant. Sagen Sie zu jeder Person ein paar Worte, heben Sie dabei potenzielle Tätigkeitsfelder und Erwartungen hervor.[43] So bekommen alle Interessenten einen Eindruck davon, wie Sie sich die Struktur Ihres Unternehmens vorstellen und welche Kompetenzen im Team zusammenkommen.

Brainstorming zur Ideenumsetzung. Brainstorming ist eine Kreativitätsmethode zur Ideenfindung in Gruppen. Regen Sie im Anschluss eine Diskussion an, um unterschiedliche Ansichten, Geistesblitze und Kritikpunkte zu Ihrer Idee und Ihrem Vorhaben zu erhalten. Sie werden erstaunt sein, welch unterschiedliche Lesarten Ihrer Idee aufgrund der unterschiedlichen fachlichen Herkunft Ihrer Mitstreiter auf einmal aufs Tapet kommen. Protokollieren Sie diese wichtigen Impulse auf jeden Fall. Das erleichtert Ihnen später die Entwicklung weiterer Pläne und hilft bei der Projektorganisation. Ob Sie selbst mitschreiben, einen

---

43 Natürlich kann man die Teilnehmer einzeln vorstellen, aber dynamischer wird das Ganze, wenn jeder selbst etwas zu seiner Person sagt.

Helfer als Protokollanten einsetzen, das Gespräch aufzeichnen oder wesentliche Erkenntnisse für alle sichtbar auf einem Flipchart festhalten, bleibt Ihnen überlassen. Eine strukturiertere Form der Ideensammlung beim Brainstorming ist das Mindmapping. Eine Mindmap (englisch *mind map*, auch Gedankenlandkarte, Wortigel oder Assoziogramm) ist eine kognitive Technik, die zum Beispiel zur Erschließung und visuellen Darstellung eines komplexen Gebietes oder auch zur Protokollierung benutzt werden kann. Eine weitere einfache Methodik ist die Benutzung von Karteikarten.

Definition der Meilensteine. Jetzt sollten erste Arbeitspakete und Meilensteine auf dem Weg zur Unternehmensgründung besprochen und vereinbart werden. Hierbei empfiehlt sich ein für alle transparentes Projektmanagement, welches wir in Kapitel 3.3.3 vorstellen werden.

Zusammenfassung der Sitzung. Wiederholen Sie die vereinbarten Arbeitspakete in Kürze und sichern Sie zu, dass das erstellte Protokoll zeitgerecht ausgesandt wird, sodass keine Ideen und Anregungen verloren gehen. Tipp: Verbinden Sie die Erledigung von Zwischenschritten bis zum Erreichen des jeweiligen Meilensteins mit Zwischenstandsmeldungen. So behalten Sie alle Fäden in der Hand, was für alle koordinativen Schritte schlicht und einfach notwendig ist.

3.3.3 Toolbox: Projektmanagement für jedermann

Während des Kick-off-Meetings werden Sie viele Inhalte erarbeiten, die Ihnen später die Erstellung Ihres Businessplans erleichtern. Um den Überblick nicht zu verlieren, ist konsequentes Projektmanagement von der ersten Stunde an sinnvoll. Zu diesem Zweck gibt es eine ganze Reihe von Methoden, die Ihnen bei der Strukturierung, Planung und

Koordinierung der einzelnen Schritte helfen. Daher möchten wir Ihnen abschließend eine kleine Toolbox an die Hand geben.

Der Projektplan: Hier halten Sie alle Teile des Projekts mit Terminen als Überblick fest. Wie Sie die Erfassung der Arbeitspakete (*work package*) vornehmen, hängt von Ihren Computerkenntnissen und Vorlieben ab. Eine Visualisierung, zum Beispiel in Form einer übersichtlichen Tabelle, ist auf jeden Fall ratsam. Abbildung 9 zeigt ein Muster für einen schlichten Projektplan, den Sie mit jedem Textverarbeitungs- oder Tabellenkalkulationsprogramm erstellen können. In der ersten Spalte stehen alle zu planenden Aufgaben, Funktionen und Gebiete, im Tabellenkopf tragen Sie die verschiedenen Planungsstufen des Businessplans und wichtige Ereignisse wie Workshops, Präsentationen oder Projektabgaben ein. Es sind jedoch auch weitaus komplexere Darstellungsformen denkbar.

	MS 1	WS1	MS 2	WS 2	PA	PP
Technik						
Rechtsschutz						
Vertrieb						
Kaufmännisches						
Businessplan						

Abbildung 8: Beispiel für einen schlichten Projektplan

(MS = Meilenstein; WS = Workshop; PA = Projektabgabe; PP = Projektpräsentation)

Der Funktionsplan: Hier werden die einzelnen Schritte für jedes Aufgabengebiet erfasst. So bleiben alle anfallenden Arbeiten für die gesamte Gruppe überschaubar und das verantwortliche Teammitglied kann sich an diesem konkreten Ablaufplan orientieren. Lassen Sie sich bei der Erstellung ruhig von den zuständigen Mitarbeitern helfen. Wie ein solcher Funktionsplan aussehen kann, zeigt Abbildung 10.

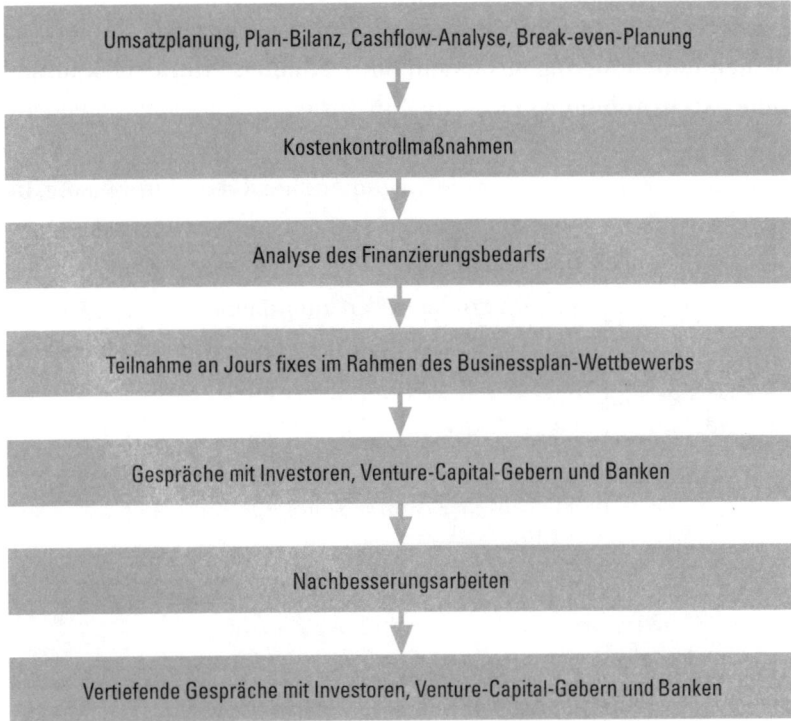

Abbildung 9: Grob strukturierter Funktionsplan zum Teilgebiet Finanzierung – ohne Angabe von Zeiten

Der Projektstrukturplan: Hier zerlegen Sie das Projekt in alle Teilaufgaben. Es wird ersichtlich, wer für welchen Teil zuständig ist, was das Ziel des Arbeitspakets ist und wo eventuell Schnittstellen zu anderen Bereichen bestehen, die beachtet werden müssen. Die einzelnen Schritte bauen logisch aufeinander auf, sind zeitlich koordiniert und an fixe Meilensteine gekoppelt. Durch die gewissenhafte Erarbeitung eines Projektstrukturplans vermeiden Sie sowohl Lücken als auch Doppelarbeiten und können die verschiedenen Teilbereiche besser koordinieren. Fangen Sie am besten gleich beim Kick-off-Meeting an, den gesamten Prozess der Projektentwicklung bis zur letzten Etappe zu planen. Einen Auszug aus einem beispielhaften Projektstrukturplan sehen Sie in Abbildung 11.

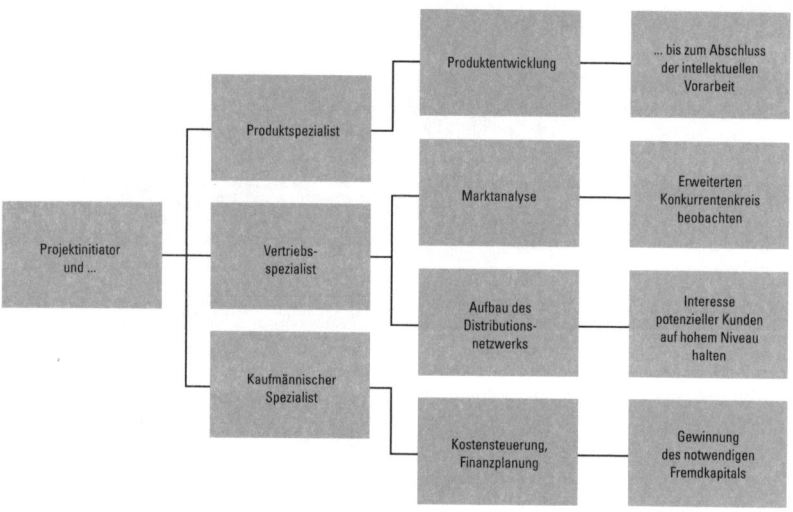

Abbildung 10: Projektstrukturplan (PSP), beliebig erweiterbar

Der Netzplan: Hier kommen alle Faktoren des Projekts in einer Darstellung zusammen. Im Netzplan visualisieren Sie den zeitlichen Ablauf der Planung und die einzelnen Schritte des Projekts im Gesamtzusammenhang. Das wird anfangs – wie bei den anderen Plänen auch – relativ grob sein, aber im Lauf der Zeit entwickelt sich der Netzplan zu einem detaillierten, dynamischen Instrument Ihres Projektmanagements, mit dem sich alle Einzelprozesse präzise abbilden und überwachen lassen. Das macht wiederum beim Projektcontrolling einen schnellen

Soll-Ist-Abgleich möglich. Der Netzplan unterscheidet sich vom Projektstrukturplan vor allem dadurch, dass hier auch Vorgänge abgebildet werden können, die für die Erarbeitung Ihres Businessplans notwendig sind. Die einzelnen Objekte lassen sich aus den Arbeitspaketen des Projektstrukturplans entwickeln.

	Arbeitsphase I: Grundsätzliche Recherchen		Meilenstein I: Workshop 1	Arbeitsphase II bis x: Änderungs- und Vertiefungsarbeit	Meilenstein y: Präsentation des Businessplans
Zeit	Jan	Feb	15.03.2010	Mar	Jun(?)	11.11.2010
Idee weiterentwickeln	Bonifatz		Produkt, Produktion und Produktdesign	(…)	(…)
Marktrecherche	Isabella, Helmut		Markt- und Branchenanalyse, Marketingplan		
Besuch der Jours fixes	Bonifatz, Mary		Managementteam		
Kontakte zu Vertriebspartnern	Isabella, Helmut		Managementteam		
Kapitalbedarfsplanung	Mary, Peter		Finanzplan, Risikoplan		
(…)					

Abbildung 11: Beispiel für einen Netzplan

Verbindliche Planungsvorgaben: Entscheiden Sie sich für eine einheitliche Software (Tabellenkalkulation oder spezielle Software zur Projektplanung), damit alle über die gleichen technischen Voraussetzungen verfügen. Vereinbaren Sie intern verbindliche Zeitpunkte für Feedback zum aktuellen Zwischenstand und fixe Termine für die Umsetzung der erarbeiteten Meilensteine. Planen Sie im Vorfeld Zeitpuffer ein und einigen Sie sich mit Ihren Teammitgliedern, sodass Probleme und unvorhergesehene Zeitverzögerungen unbedingt frühzeitig kommuniziert werden.

Diskussion und Ratifizierung von Qualitäts- und Leistungsparametern: Egal ob Sie es Fristen- und Pflichtenheft nennen oder eine andere Nomenklatur des Projektmanagements nutzen – wichtig ist, dass alle gemeinsam die Qualitätsmerkmale für den Businessplan kennen, akzeptieren und sich selbst aktiv und kreativ einbringen.

Bis zum nächsten Treffen sollte jedes Teammitglied zu seinem Spezialgebiet Folgendes schriftlich erarbeiten:

— Beschreibung der Zielsetzung, Leistungsverpflichtung sowie der einzelnen Aufgaben,
— Interpretation der Arbeitspakete,
— Erstellung eines detaillierten Funktionsplans,
— Erstellung eines groben Ablauf- und Terminplans,
— Beschreibung organisatorischer Aspekte und notwendiger Vernetzungen innerhalb des Teams.

Wie Sie sehen, ist ein Kick-off-Meeting ein hartes Stück Arbeit. Aber die Mühe lohnt sich! Ein funktionierendes Projektmanagement erleichtert es, den Überblick über Ihr Abenteuer Innovation in all seinen Facetten zu behalten.

3.4 Kapitalgeber: Das Los mit dem Moos

Es gibt sie wirklich, die traumhaften Erfolgsgeschichten! Denken Sie nur einmal an den Internetriesen Google. Das Unternehmen geht auf die Garagenfirma der beiden amerikanischen Stanford-Studenten Larry Page und Sergey Brin zurück. Die Stanford University ist über ihre Exzellenz mit weltweiter Reputation in Forschung und Lehre hinaus auch dafür bekannt, dass hier schon viele mittlerweile äußerst erfolgreiche Weltunternehmen ihren Anfang nahmen, zum Beispiel Hewlett-Packard oder Sun Microsystems. Page und Brin überlegten lange Zeit, wie sie mit einer Internet-Suchmaschine Geld verdienen konnten. Die Lösung: mit der Werbung, die Unternehmen hier schalten können. Google hat – basierend auf der bahnbrechenden Idee – mittlerweile eine geschätzte Marktkapitalisierung von circa 110 bis 120 Milliarden US-Dollar.[44]

Hier bewahrheitet sich der Spruch von Thomas A. Edison, der einst sagte: »Die höchsten Türme fangen beim Fundament an.« Mit einer guten Idee als Fundament ist die Wahrscheinlichkeit hoch, dass Sie für Ihren Turmbau einen geeigneten Geldgeber finden.

3.4.1 Fragenkatalog: Bewertung einer Idee durch Kapitalgeber

Schlüpfen Sie einmal in die Rolle eines potenziellen Investors. Fragen Sie sich: Welche Informationen müsste ein Existenzgründer Ihnen liefern und was müsste er tun, damit Sie trotz eines hohen Risikos Geld in seine neue Firma stecken? Welche Kriterien wären für Sie ausschlaggebend? Wir haben einen Fragenkatalog zusammengestellt, der

---

44 http://www.manager-magazin.de/finanzen/geldanlage/0,2 828 449 957,00.html;
http://aktien.onvista.de/snapshot.html?ISIN=US 38 259P5089

Ihnen dabei hilft, das Denken Ihrer potenziellen Kapitalgeber besser zu verstehen.

Jürgen Zapf und Tobias Hartung vom renommierten Beratungsunternehmen Ernst & Young fassten für uns den Begriff Risikokapital einmal in Zahlen: Im Bereich der Privatinvestoren werden lediglich 5 bis 10 Prozent der Fälle als rentabel eingestuft. Diese müssen dann nicht nur die 90 bis 95 Prozent der Verlustgeschäfte amortisieren, sondern darüber hinaus auch noch für ausreichend Gewinne sorgen, sodass es sich für die Personen und Institutionen lohnt, weiter in Risikogeschäfte zu investieren. Vor diesem Hintergrund stellen sich Ihre zukünftigen Gesprächspartner folgende Fragen, um Sie und Ihr Team zu beurteilen:

— *Sind die Persönlichkeiten hinter dem Konzept vertrauenswürdig?* Eine Idee, die sich maximal im Stadium eines Modells befindet, birgt für alle Beteiligten hohe Risiken. Gerade bei technischen Entwicklungen oder in den Lifesciences ist zu Beginn der Seed-Phase kaum absehbar, ob sich die Idee am Ende überhaupt in ein funktionstüchtiges Produkt umsetzen lässt. Investoren, die mit Risikokapital agieren, wissen, in welchem Markt sie sich bewegen. Hat Ihr Exposé das Interesse von potenziellen Geldgebern geweckt, kommt dem Kennenlerngespräch – und damit Ihrer Persönlichkeit und Ihrem Team – zentrale Bedeutung zu. In allen Interviews, die wir mit Kapitalgebern führten, wurde dies betont. Vertrauen ist ein entscheidendes Kriterium, erläuterten uns Jürgen Zapf und Tobias Hartung von Ernst & Young (siehe Kapitel 5) – vor allen bei Entwicklern in der Seed-Phase und Start-up-Unternehmen. Dabei geben die Lebensläufe der Teammitglieder den Kapitalgebern bereits wichtige Anhaltspunkte: Langjährige Branchenkenntnisse schaffen auf jeden Fall Vertrauen. Bringen die Mitarbeiter zusätzlich Erfahrungen aus der Start-up-Branche mit, ist dies ein zusätzlicher

Pluspunkt. Vereinbaren Sie daher Termine mit relevanten Kapitalgebern erst, wenn Sie Ihr Expertenteam gefunden haben und dieses bereits die ersten Meilensteine der Arbeitspakete erreicht hat. Idealerweise haben Sie auch schon einen ersten Entwurf Ihres Businessplans erarbeitet (siehe Kapitel 3.4 und 4). Kapitalgeber wollen beim ersten Termin zunächst das Team, in welches sie investieren, kennenlernen. Im ersten und möglicherweise noch in den folgenden Gesprächen sind die Rollen daher klar verteilt: Sie werben um Vertrauen und Ihr Gegenüber bewertet Sie sowohl fachlich als auch menschlich. Man kann die Situation durchaus mit einem Bewerbungsgespräch vergleichen. Daher lohnt sich zur Vorbereitung auf diesen Termin auch ein Blick in einschlägige Bewerbungsliteratur.

— *Hat die Idee Innovationspotenzial?* Eine gute Idee ist nicht automatisch eine Innovation. So wird sie erst genannt, wenn sich die Idee tatsächlich auch verkaufen lässt und somit den Sprung auf den Markt schafft. André Neu, Geschäftsführer der pro-visio GmbH, ist Coach im Bereich technologieorientierter Start-up-Unternehmen. Anhand mehrerer Beispiele verdeutlichte er, dass eine gute Idee alleine nicht ausreicht. Der richtige Zeitpunkt und die passende Branchensituation müssen hinzukommen. Er berichtete uns beispielsweise von einer patentierten Idee für ein System, welches Motorenöl ständig in einer Form wiederaufbereitet, dass Fahrer keinen Ölwechsel mehr machen müssen. Eigentlich ein geniales Konzept. Leider sind die Widerstände in der Branche groß. Der Ideeninhaber sucht seit Jahren händeringend einen oder mehrere Abnehmer in der Automobilindustrie, die dieses System verwenden und dabei einige branchenspezifische Hürden überspringen. Innovationspotenzial heißt daher, dass ein Produkt auch tatsächlich den Sprung auf den Markt schaffen kann. Investoren machen sich daher Gedanken darüber, ob und wie Ihre Idee auf den relevanten

Markt gelangen kann. Erscheinen der geplante Markteintritt und der tatsächliche Bedarf im Endkundenmarkt plausibel, haben Sie gute Karten.

— *Hat die Idee längerfristige Alleinstellungsmerkmale?* Ideal ist aus Sicht von Kapitalgebern, wenn Ihre Marktnische für eine möglichst lange Zeit erhalten bleibt. Der Finanzierungsfachmann Gernot Jäger von der Kristall Finanz GmbH in Tirol betont, dass gerade bei längerfristigen Kapitalvergaben entscheidend ist, wie eine Idee abgesichert ist, um möglichst lange Alleinstellungsmerkmale zu haben. Denn das garantiert langfristig optimale Erträge. Gerade bei technischen Entwicklungen sollten bereits klar nachvollziehbare patentstrategische Überlegungen erkennbar sein (siehe Kapitel 2). Ihre Kapitalgeber werden Ihre Idee »auf Herz und Nieren« prüfen, bevor sie investieren oder einen Kredit gewähren. Zum einen wird die rein technische Seite auf Realisierbarkeit getestet, zum anderen holen die Investoren Gutachten und Statistiken zu Marktchancen et cetera ein. Thomas Fürst, Leiter des Gründungszentrums der Stadtsparkasse München, bestätigte uns gegenüber beispielsweise, dass vor Kreditvergabe unabhängigen Experten von der TU München eingeschaltet werden, um die technische Umsetzbarkeit einer Idee einzuschätzen, und dass entsprechende Gutachten zur Marktlage angefordert werden. So lautet Fürsts Regel kurz und knapp: »Was wir von der wirtschaftlichen Durchschlagskraft her nicht einschätzen können, unterstützen wir nicht in Kreditform.« Arbeiten Sie daher Alleinstellungsmerkmale und deren Absicherung heraus, denn sie sind von zentraler Bedeutung für potenzielle Kapitalgeber.

— *Welche Exit-Strategie bietet das Gründerteam dem Investor?* Diese Frage ist für Banken kaum von Interesse. Bei Krediten werden immer bestimmte Laufzeiten und Sonderkündigungsoptionen vertraglich festgehalten. Für private Kapitalgeber, wie zum Beispiel Business-Angels, ist dagegen die Exit-Strategie wichtig. Was verbirgt sich hinter diesem Begriff? Damit ist der Zeitpunkt gemeint, an dem der Investor sein Geld aus Ihrem Unternehmen abziehen und in ein neues Projekt investieren kann. Dieser Zeitpunkt ist durchaus verhandelbar, allgemein ist ein Exit von Kapitalgebern zu Beginn der Later-Stage-Phase üblich. Ihr Unternehmen sollte sich bis dahin hinreichend auf dem Markt etabliert haben, sodass Sie günstigere Kredite bekommen als das hoch verzinste Risikokapital.

Tipp: Führen Sie Gespräche mit Kapitalgebern nicht zu früh. Wir empfehlen einen ersten Termin drei bis vier Monate nach Ihrem Kick-off-Meeting, also etwa in der Mitte der Seed-Phase.

3.4.2 Businessplan-Wettbewerb: Mehr als ein Wettstreit

An einem Businessplan-Wettbewerb kann jeder teilnehmen, der meint, eine gute Idee zu haben, und diese in Form eines Geschäftsplans in einer vertraulichen Umgebung prüfen lassen will. An der Teilnahme ist kein Haken, es entstehen keinerlei Verpflichtungen.

Der Geschäfts- oder Businessplan ist das Herzstück Ihres jungen Unternehmens. Wie ein solcher Businessplan im Idealfall aufgebaut ist, soll an dieser Stelle nicht das Thema sein. Dazu kommen wir dann detailliert in Kapitel 4. Vielmehr möchten wir Ihnen die Vorteile einer Teilnahme an Businessplan-Wettbewerben aufzeigen. Aus unserer Sicht geht es dabei nicht um Sieg und Prämierung – obwohl es natürlich schön ist, den ersten Platz zu belegen. Businessplan-Wettbewerbe drehen sich vielmehr um eine koordinierte Wachstumsdynamik. Nicht umsonst sind viele Businessplan-Wettbewerbe in mehrere, aufeinander aufbauende Phasen gegliedert. Diese möchten wir Ihnen am Beispiel des Münchener Business Plan Wettbewerbs (MBPW) skizzieren.

— *Ideas-Stage:* Auf dieser Stufe müssen Sie Ihre Idee so umformulieren, dass sie zur Geschäftsidee wird. Gelingt Ihnen das, so haben Sie die erste Hürde genommen. Waren Sie nach Ansicht der Juroren im Rahmen der ersten Zwischenevaluation besonders effektiv, erhält Ihr Team beim Münchener Business Plan Wettbewerb eine Belohnungsprämie in Höhe von bis zu 5 000 Euro. In diesem Fall haben Sie dann all Ihre Rechercheergebnisse allgemein verständlich, nachvollziehbar und logisch dargestellt. Als nachvollziehbar gilt eine Idee, wenn der Kundennutzen klar erkennbar ist. Das ist eine der schwierigsten Aufgaben: Sie müssen sich in Ihren potenziellen Kunden hineinversetzen und Ihre Idee mit seinen Augen betrachten. Meist ist zudem noch das Executive Summary, eine kurze Gesamtvorschau über Ihren Businessplan, beizufügen. Bis es so weit ist, sind bereits drei Monate vergangen. Glauben Sie uns: Sie brauchen diese Entwicklungszeit wirklich.

— *Development-Stage:* Sie haben nun zwei Monate Zeit, um eine Grobfassung Ihres Businessplans (ohne Finanzteil) zu erstellen und zur Prüfung einzureichen. Beim Businessplan sind seitens der Veranstalter meist maximale Seitenzahlen vorgegeben. Es gilt nach wie vor: In der Kürze liegt die Würze. Immer noch steht Ihre Idee im Zentrum, wobei Sie über die erste Stufe hinaus vor allem Fragen zum Markt und dem dort herrschenden Wettbewerb sowie zu Ihrer Marketingstrategie beantworten müssen. Bei der Erstellung des Businessplans sind Gespräche bei den Jours fixes äußerst hilfreich: Suchen Sie das Gespräch mit Werbefachleuten, Risikokapitalgebern, Bankmitarbeitern, Steuer- und Rechtsfachleuten oder erfahrenen Unternehmern. Wenn Sie beim MBPW auf dieser Stufe Ihre Hausaufgaben besonders gut gemacht haben und den ersten Platz belegen, erhalten Sie zusätzlich zu den vielen Tipps, den Kontakten und der professionellen Bewertung Ihres Plans einen stattlichen Betrag von bis zu 10 000 Euro. Zu diesem Zeitpunkt hat Ihr

Businessplan nun bereits eine solche Aussagekraft, dass möglicherweise der eine oder andere Kapitalgeber Sie kontaktiert. In dieser Phase des Wettbewerbs können Sie bereits erste Kontakte zu potenziellen Kreditgebern aufnehmen.

— *Excellence-Stage:* Sie haben nach zehn Monaten Arbeit einen zu drei Zeitpunkten evaluierten Businessplan vor sich, den Sie inhaltlich noch verfeinern und den Finanzteil hinzufügen. Beim MBPW können Sie dafür eine kostenlose Software nutzen. Wichtig ist, dass Inhalt und Finanzplanung einander ergänzen, sodass im Zahlenteil detailliert ablesbar ist, wie die Ausgaben- und Einnahmestrukturen aufgebaut sind. Ihr Gesamtwerk sollte nun logisch und für alle potenziellen Geldgeber nachvollziehbar sein. Auch hier winken wieder Preisgelder: Sollten Sie den ersten Platz gewonnen haben, so bekommen Sie bis zu 75 000 Euro.

Der Begriff *Cashflow* wird Ihnen bei der Finanzplanung für den Businessplan begegnen, daher wollen wir darauf kurz eingehen: Der Cashflow, auch Einzahlungsüberschuss genannt, gibt Auskunft über den umsatzbedingten Nettozufluss liquider Mittel eines Unternehmens. Mithilfe des geplanten Cashflows wird der Kaufmann Ihres Gründerteams beispielsweise die Liquiditätsplanung erstellen, um so Rückzahlungsmodalitäten für Banken oder Renditeprognosen für Investoren angeben zu können. Der Begriff steht also für einen Wert, der die Beurteilung der Finanzkraft Ihres Unternehmens zulässt. In den frühen Phasen der Existenzgründung spielt er noch eine eher untergeordnete Rolle. Das ändert sich spätestens in der Later-Stage-Phase, wenn es darum geht, ob beispielsweise Private-Equity-Geber wie Kapitalbeteiligungsgesellschaften größere Summen in Ihr Unternehmen fließen lassen.

Werner Arndt, langjähriger Geschäftsführer des Münchener Business Plan Wettbewerbs, kann mit beeindruckenden statistischen Werten für die Teilnahme werben, die vom Beispiel der Stadt München auf ähnlich gut organisierte Programme übertragen werden können:

— 530 Unternehmensgründungen mithilfe des MBPW (Stand 2008)
— Überlebensquote von 84 Prozent,
— Schaffung von 4250 neuen Arbeitsplätzen,
— Ausschüttung von rund 554 000 000 Euro über Unterstützungsplatt-formen.

Folgende Vorteile sprechen aus unserer Sicht für eine Teilnahme an einem Businessplan-Wettbewerb:

— Sie erhalten kostenneutrales und qualitativ hochwertiges Feedback, mit dem Sie Ihrem Businessplan und Ihrer Idee den Feinschliff geben. Selbst wenn Sie im Ranking im hinteren Feld der Teilnehmer landen sollten, ist dies kein Grund aufzugeben. Vielmehr sollte es Ansporn für Sie sein.
— Bei den Jours Fixes können Sie wertvolle Kontakte zu interessanten Gesprächspartnern knüpfen, die Ihnen in vielen Bereichen weiterhelfen können. Das geht von Dozenten bei Crash-Kursen, bei denen rechtliche, finanzielle und Präsentationstechniken thematisiert werden, bis hin zu Feedback von den Coachs. Doch hier ist auch Gefahr gegeben. Wir trafen bei solchen Anlässen durchaus auch Dienstleistungsanbieter mit äußerst dubiosen Angeboten. Dadurch, dass jemand sich als Coach bei einem solchen Wettbewerb ausweisen kann, ist noch nicht unbedingt bei allen Seriosität gegeben. Sind solche Personen den Veranstaltern jedoch bekannt, können diese bald mit ihrer Demission als Coach rechnen. Dennoch gilt auch hier: Augen auf!
— Bei den Prämierungsfeiern und teilweise auch bei den Jours fixes können Sie auf potenzielle Kapitalgeber treffen. Denn nicht nur Sie

suchen Geldgeber, auch Investoren sind stets auf der Suche nach vielversprechenden Ideen und Teams. Es finden Jours fixes statt, bei denen neben Coachs und Juroren auch Risikokapitalgeber anwesend sind. Diesen können Sie oder Ihr Teamrepräsentant sich dann vorstellen.

3.4.3 Hausbank: Finanzierung über Kredite

Nahezu alle Banken bieten im Rahmen ihres Kundenservice Angebotspakete für Start-up-Unternehmen an. Beachten Sie dabei bitte eines: Im Regelfall sind Sie derzeit noch Privatkunde. Mit Ihrem Exposé in der Hand wechseln Sie jedoch das Revier und werden in den Geschäftskundenbereich überführt. Gehen Sie zu Ihrer eigenen Hausbank, genießen Sie meist Heimvorteil. Sie kennen Ihren Kundenberater vielleicht schon seit einigen Jahren, was sich auf das Vertrauensverhältnis positiv auswirkt. Sollten Sie als Privatkunde mit dem Service Ihrer Hausbank doch unzufrieden sein, muss dies nicht unbedingt auch für den Begleitservice während der Seed- und der Start-up-Phase gelten.

Wir haben Ihnen bereits einige Kriterien genannt, die Ihnen Auskunft darüber geben, ob Ihre Bank der passende Partner für Ihr Vorhaben ist. Der wohl wichtigste Punkt sind die Förderprogramme für Existenzgründer. Holen Sie diesbezüglich in Vorbereitung auf das Erstgespräch mit Ihrer Bank die nötigen Informationen bei den Innovationsberatern Ihrer Kammer ein. Darüber hinaus sollte Ihre Hausbank gute Verbindungen zu Bürgschaftsbanken und Risikokapitalgebern haben. Halten sich die Berater Ihrer Hausbank diesbezüglich vornehm zurück, so können Sie dies als relativ sicheres Zeichen werten, dass man zumindest hier Ihrer Idee nicht traut. Denn jede Bank ist mit Risikokapitalgebern in Kontakt.

Zu Beginn Ihrer unternehmerischen Tätigkeit besteht Ihr Eigenkapital aus Ihren eigenen Einzahlungen in das Unternehmen und/oder denjenigen, die Ihnen bislang noch fremde Akteure vornehmen. Die Hausbank stellt Ihnen im Rahmen von Krediten Fremdkapital zur Verfügung. Bevor Sie jedoch an dieses Geld kommen, verlangt Ihre Hausbank Sicherheiten, die das Darlehen zu einem bestimmten Prozentsatz absichern. Hausbanken akzeptieren ein deutlich geringeres Ausfallrisiko Ihrer Zins- und Tilgungsleistungen als diejenigen Banken, die professionell mit höherem Ausfallrisiko in einem bestimmten Markt agieren. Start-up-Unternehmen, das ist unbestritten, haben höhere kaufmännische Risiken als bereits etablierte. Der entsprechende Geldmarkt hat daher den Namen »Risiko- und Wagniskapitalmarkt«.

In der Schweiz übernimmt beispielsweise die Zürcher Kantonalbank ZKB bei Hightech-Entwicklungen direkt die Eigenkapitalanteile. Die finanzielle »Erstausstattung« einer Idee kann so von einem einzigen Bankhaus übernommen werden.

3.4.4 Bürgschaftsbanken: Kredite ohne Eigenkapital

Sie benötigen, um einen niedrig verzinsten Kredit bei Ihrer Hausbank zu bekommen, *immer* Eigenkapital. Bürgschaftsbanken treten Ihrer Hausbank gegenüber als Bürge auf. Einige Banken haben sogar im eigenen Hause Bürgschaftsbanken. So haben auch Existenzgründer ohne Eigenkapital die Chance auf ein Darlehen.

Die Kredite, die Sie in Ihrer frühen Unternehmensphase brauchen, sind teilweise erheblich teurer als ein herkömmlicher Firmenkundenkredit. Die Seed-Finanzierung des High-Tech Gründerfonds wird beispielsweise über Bürgschaftsbanken verteilt. In den meisten Fällen können Sie nicht selbst an Bürgschaftsbanken herantreten. Der Kontakt läuft in der Regel über die Hausbanken. Der Klassiker von Bürgschaftsbanken sind Kleingründungsdarlehen bis 50 000 Euro. Das Angebotsportfolio reicht jedoch von 25 000 Euro bis 150 000 Euro. Ein Vergleich lohnt sich in jedem Fall.

Gerade bei einer sogenannten »Null-Euro-Gründung«, das heißt ohne Eigenkapital des Gründerteams, sind Bürgschaftsbanken das wesentliche Element, um überhaupt ins Unternehmertum starten zu können. Kredite von Bürgschaftsbanken sind aufgrund des hohen Risikos, das die Geldgeber tragen, leider hoch verzinst. Entscheiden Sie sich im Team und eventuell in Absprache mit Ihrem Berater von der Hausbank für diese Variante, muss klar sein, dass Sie sehr bald eine funktionierende Kapitalrückführung gewährleisten müssen.

Daher sollten Sie genau prüfen, ob ein Darlehen über eine Bürgschaftsbank für Sie sinnvoll ist. Recherchieren Sie gründlich und ziehen Sie auch Alternativen bei der Finanzierung in Betracht.

3.4.5 Private Kapitalgeber: Business-Angels, Venture-Capital & Co

Wenn Sie selbst kein oder nur wenig Eigenkapital aufbringen können, müssen Sie entweder einen Kredit aufnehmen oder Investoren finden, die Ihnen zu bestimmten Konditionen Geld zur Verfügung stellen. Investoren sind private Anleger, die Unternehmensanteile kaufen. Dabei verfolgen sie durchaus unterschiedliche Interessen: *Strategische Investoren* sehen in Ihrer Idee die Abrundung ihres eigenen Produktportfolios und wollen durch eine Beteiligung ihre Produkte perspektivisch absichern. Ein *Finanzinvestor* steigt in Ihr Unternehmen ein, weil er durch laufende Erträge oder aus den Wertsteigerungsspannen Gewinne erzielen will. Das heißt, strategische Investoren sind auch an der Weiterentwicklung der Technologien und Produkte interessiert, während Finanzinvestoren vornehmlich ihr Geld vervielfachen wollen und es dann wieder aus dem Unternehmen abziehen.

Prüfen Sie auch, ob Ihr mögliches Unternehmen zum Kapitalgeber passt. Schauen Sie sich an, welche Art von Investitionen die entsprechenden Gesellschaften oder Personen in den letzten Jahren vorgenommen haben. Wie war deren Erfolg? Lassen Sie sich Referenzen geben, um zu sehen, wie die Zusammenarbeit funktioniert. Auch ist es wichtig zu wissen, welche konkreten Kapitalreserven existieren: Ist die Gesellschaft gegebenenfalls in der Lage, eine Nachfinanzierung durchzuführen?

An die folgenden Kapitalgeber können Sie jederzeit selbst herantreten oder den Kontakt über Ihre Hausbank vermitteln lassen.

Venture-Capital-Geber

Der mittlerweile in der deutschen Sprache etablierte Fachbegriff *venture capital* bedeutet übersetzt Risiko- und Beteiligungskapital. Es handelt sich um Risikokapital, also um Eigenkapital, welches Sie sich teurer einkaufen als Bankkredite. Doch oft ist Venture-Capital die einzige Möglichkeit, um an Investments heranzukommen.

Venture-Capital-Geber unterscheiden sich deutlich von Business-Angels. Gerade im Bereich der Lifesciences können mehrere Finanzierungsrunden notwendig sein, weil die Entwicklung des Produkts, beispielsweise eines Medikaments gegen Krebs, viele Jahre (wenn nicht Jahrzehnte) dauert.

In Kapitel 3.6 finden Sie Hinweise für Venture-Capital-Recherchen.

Business-Angels

Business-Angels sind Einzelpersonen, die Jungunternehmen in der Seed-Phase und frühen Start-up-Phase unterstützen. Das Zeitfenster der Intervention ist bei Business-Angels deutlich schmaler als bei Venture-Capital. Daher sind sie auf Branchen und Produkte spezialisiert, die nur eine kurze Vorlaufzeit benötigen, um auf den Markt zu kommen. Typischerweise sind hier IT- und Softwareentwicklungen zu nennen. Die Investitionshöhe bewegt sich in der Regel zwischen 100 000 und 500 000 Euro. Business-Angels sind zwar über Netzwerke miteinander verbunden, entscheiden allerdings als Einzelpersonen über eine zu tätigende Investition. Business-Angels werden mit ihren Beteiligungen meistens kurz nach oder sogar schon während der Gründung aktiv, also in einer Phase, die im jungen Unternehmen mit einer hohen *Dynamik* verbunden ist. Genau hier zeigt sich der wesentliche Unterschied zu einer Venture-Capital-Beteiligung, die oft erst in einer späteren Phase erfolgt und dann nur noch aus einer rein finanziellen, dafür aber oftmals größeren Investition besteht.

Es stellt sich die Frage, mit welcher Einzelperson Sie es eines Tages zu tun haben, möglicherweise anlässlich eines Jour fixe bei einem Businessplan-Wettbewerb. Nach Dr. Roland Kirchhoff und Dr. Ute Günther, Geschäftsführer des Business Angels Netzwerkes Deutschland BAND suchen Business-Angels Unternehmen in der näheren Umgebung, da sie in die operative Führung des Unternehmens integriert sein wollen, und überzeugende Ideen, die Spaß machen und faszinieren. Um das Interesse von Business-Angels zu wecken, sollte eine Idee beispielsweise das Potenzial haben, innerhalb von fünf Jahren die Anfangsinvestition zu verzehnfachen. Das mag sich hier für Sie noch illusorisch anhören und als Ziel kaum erreichbar scheinen. Die Praxis in der Hightech-Industrie zeigt aber, dass eine tatsächliche Innovation solche Gewinnspannen ermöglichen sollte. Als Exit wählen Business-Angels oft einen Zeitpunkt, zu dem eine erhebliche Wertsteigerung des Unternehmens zu erwarten ist. Es ist jedoch auch möglich, dass Business-Angels Start-up-Unternehmen fördern, um sie eines Tages in das eigene Produktportfolio zu integrieren.

Private Investoren können Sie über mehrere Kanäle ansprechen: Die standardisierte Variante bei vielen Risikokapitalgebern läuft über Eingabemasken auf deren Internetseiten. Eine zweite Möglichkeit ist die Kontaktaufnahme über Ihren Bankberater oder Coach bei Businessplan-Wettbewerben. Eine weitere Plattform sind spezielle Kapital-geber-Messen. Dafür ist eine Anmeldung erforderlich und Sie haben bei Ihrem Termin nur wenige Minuten Zeit, um Ihre Idee vorzustellen. Oder Sie entschließen sich, einen Kapitalvermittler anzusprechen. Kapitalvermittler[45] sind in der Regel Personen, die sehr gute Kontakte zu Business-Angels, Venture-Capital & Co haben. Diese werden Ihnen nicht selbst das Kapital zur Verfügung stellen, sondern vermitteln Ihnen nur das benötigte Geld. Solche Personen können meistens beurteilen, ob Ihre Idee umsetzbar ist, sie können Ihnen auch bei Verhandlungen mit Kaptialgebern sehr hilfreich sein. Wichtig ist, dass der Kapitalvermittler ein flexibles Angebotsportfolio hat, das er individuell auf Ihre Idee abstimmen kann. Das betonte Gernot Jäger, Geschäftsführer der Kristall Finanz, im Gespräch mit uns. Darüber hinaus sollten Sie beachten, wie die Vergütung geregelt ist. In den meisten Fällen lassen sich Kapitalvermittler erfolgsabhängig bezahlen.

Eine Alternative zur Fremdfinanzierung in Kreditform nennt sich Mezzanine-Kapital. Mezzanine-Kapital kann in Form von Genussscheinen, Genussrechten oder durch eine stille Beteiligung begeben werden. Gleichfalls kann man auch den Weg von Wandelanleihen oder Umtauschanleihen begehen. Der große Vorteil des Mezzanine-Kapitals besteht darin, dass das Unternehmen seine Eigenkapitalbasis verstärken kann, ohne dafür den Investoren volle Gesellschafterrechte einräumen zu müssen. Bei einem Wandeldarlehen werden die Kapitalgeber durch Aktienanteile entschädigt; bei einem partiarischen Darlehen erfolgt eine direkte Vergütung.

Es gibt viele Wege, um an das nötige Kapital zu gelangen. Qualitativ hochwertige Exposés, faszinierende Businesspläne und Ihr persönliches Auftreten entscheiden über Erfolg und Misserfolg.

---

45   Küsell, F.(2006): *Praxishandbuch Unternehmensgründung. Unternehmen erfolgreich gründen und managen.* Wiesbaden

3.5 Zusammenfassung

Wie zu Beginn des Kapitels erwähnt, gehen Seed-Phase und Start-up-Phase mehr oder weniger fließend ineinander über. Mit diesem Kapitel wollten wir Ihnen die wesentlichen Meilensteine der Seed-Phase näherbringen. Auch für die Themen dieses Kapitels haben wir einige interessante Internetadressen für Sie zusammengestellt – ohne Anspruch auf Vollständigkeit (Kapitel 3.6). Diese sollen Ihnen weitere Hintergrundinformationen und Anregungen für projektbezogene, detaillierte Recherchen liefern.

Beherzigen Sie bei diesem Teilstück Ihres Abenteuers Innovation folgende Anregungen:

— *Teamarbeit stärkt!* Sollten Sie alleine gründen, werden Sie feststellen, dass die mannigfaltigen Prozesse eine immer schnellere Dynamik entwickeln und schon sehr bald kaum ohne Hilfe zu bewältigen sind. Sind Sie sicher, dass Sie dauerhaft »alle Bälle in der Luft halten« können, auch wenn ständig neue dazukommen? Unser Tipp: Machen Sie es sich nicht schwerer als nötig. Profitieren Sie von Expertenwissen, holen Sie sich fähige Mitarbeiter ins Boot. Dann haben Sie den Kopf frei für Ihre Spezialgebiete und die Weiterentwicklung Ihrer Idee. Als eingespieltes, kompetentes Team haben Sie bei Kapitalgebern darüber hinaus deutlich höhere Chancen auf Erfolg.

— *Projektmanagement hilft!* Um beim Bild des Jongleurs zu bleiben: Mit konsequentem Projektmanagement gelingt es Ihnen und Ihrem Team besser, gemeinsam alle Bälle in der Luft zu halten. Lassen Sie sich von Listen und Tabellen nicht abschrecken. Mittlerweile gibt es viele (teils kostenlose) Tools und Software, die das Projektmanagement erleichtern. Die Vorteile: Was Sie schriftlich fixieren, geht zumindest nicht mehr so leicht verloren. Sie als Projektinitiator behalten den Überblick über Zeitplan, Kosten, Arbeitsabläufe und wichtige Termine. Sie können zeitliche oder finanzielle Engpässe frühzeitig identifizieren, unterschiedliche Arbeitsgruppen besser koordinieren und das Team insgesamt souveräner führen.

— *Für gute Innovationen gibt es immer Kapital!* Lassen Sie sich von negativen Resultaten bei Gesprächen mit Banken oder Kapitalgebern auf keinen Fall entmutigen. Feilen Sie stets an Ihrem Projekt, indem Sie Kritik ernst nehmen und so Schwachpunkte zum Beispiel durch einen entsprechenden Experten ausgleichen oder sich in bestimmten Fragen von Fachleuten beraten lassen. Nicht umsonst vergehen von der ersten Idee bis zum detaillierten Businessplan mehrere Monate. Nutzen Sie verschiedene Wege, um nach geeigneten Kapitalgebern für Ihre Idee zu suchen, sei es über Empfehlungen eigener Kontakte, auf Messen oder Businessplan-Wettbewerben et cetera.

3.6 Recherche- und Literaturtipps

Auf die Angebote der regionalen Industrie- und Handelskammern sowie der Handwerkskammern Deutschlands haben wir bereits in Kapitel 2 hingewiesen. An dieser Stelle haben wir eine Auswahl von Internetseiten mit relevanten Informationen zu den Themen Existenzgründung, Förderung und Finanzierung für Deutschland, Österreich und die Schweiz zusammengestellt.

Die Gründerberatung stellt sich in der Schweiz aufgrund des Kantonalprinzips differenzierter dar als in Deutschland oder Österreich, die Voraussetzungen für Existenzgründer variieren von Kanton zu Kanton teils erheblich. Hier sollte man sich für eine grundsätzliche

Orientierung am besten an die zuständige Wirtschaftskammer wenden.

— *http://www.bmwfj.gv.at:* Auf den Seiten des österreichischen Bundesministeriums für Wirtschaft, Familie und Jugend finden Existenzgründer aus Österreich viele Informationen zum Thema Unternehmensgründung.
— *www.awsg.at:* Der Austria Wirtschaftsservice bietet Hightech-Förderung an.
— *www.business-angels.de:* Auf der Internetseite des Business Angels Netzwerks Deutschland können Sie Formulare, zum Beispiel für das Exposé (One-Pager) herunterladen und gelangen auch zu Matching-Partnern für Ihre Idee.
— *www.bvkap.de:* Der Bundesverband Deutscher Kapitalbeteiligungsgesellschaften bietet auf seinen Internetseiten eine Kapitalsuche an. Damit kommen Sie nach Eingabe grober Daten zu Ihrem Unternehmen schnell an Kontaktdaten möglicher Kapitalgeber.
— *www.existenzgruender.de:* Auf dem Existenzgründungsportal des Bundesministeriums für Wirtschaft und Technologie (BMWi) finden Sie eine Fülle allgemeiner Informationen rund um das Thema Existenzgründung. Neben nützlichen Datenbanken und Checklisten gibt es jede Menge Hilfestellung für die Erstellung eines Businessplans. Darüber hinaus können Sie sich kostenlos über interaktive Online-Lerneinheiten notwendiges Grundwissen zur Existenzgründung aneignen.
— *www.go-gruendercenter.net:* Dies ist die Gründeroffensive von Erste Bank/Sparkasse Österreich. Die Themen sind übersichtlich und strukturiert, interessant für Sie sind vor allem »Gründung«, »Beratung«, »Finanzierung« und »Förderung«.
— *www.gruenden.ch:* Auf der Gründungsplattform des Kantons Zürich können Sie den Ratgeber *gründen 2.0* kostenlos herunterladen. Die-

ser beschreibt die national einheitlichen relevanten Informationen und nennt darüber hinaus viele kantonale Besonderheiten, Förderpreise und Wettbewerbe.

— *www.gruenderservice.net:* Die Wirtschaftskammer Österreich bietet Informationen rund um die Unternehmensgründung, Tools wie Mindestumsatzrechner oder Finanzierungsfragebogen, Jungunternehmer-Coachings und unterstützt virtuell bei der Businessplanerstellung.

— *www.high-tech-gruenderfonds.de:* Ein Beispiel für einen Hightech-Gründerfonds in Form von Venture-Capital für Unternehmen in der Pre-Seed- oder Seed-Phase.

— *www.inna.at:* Wer als Gründer in Österreich auf der Suche nach Venture- oder Beteiligungskapital ist, sollte auf der Internetseite von Innovation Network Austria nachsehen. Hier finden Sie eine ausführliche Liste von Risikokapitalgebern und weitere Informationen für die Gründerszene Österreichs.

— *www.gruenderinnenagentur.de:* Im gesamten deutschsprachigen Raum Europas finden sich frauenspezifische Förderprogramme. Dieser Link führt Sie auf die Seite des deutschlandweiten Informations- und Servicezentrums zur unternehmerischen Selbstständigkeit und Unternehmensnachfolge durch Frauen.

— *www.seca.ch:* Auf der Internetseite der Swiss Private Equity & Corporate Finance Association sind viele Informationen über wichtige Kapitalanbieter in der Schweiz gesammelt: Venture-Capital, Corporate Finance, Business-Angels und Private Equity. Die Seite ist großteils auf Englisch.

— *www.startzentrum.ch:* Diese Seite ist nicht nur für Schweizer interessant. Sie finden hier neben relevanten Informationen zur Gründungsszene im Kanton Zürich praktische Checklisten und Vorlagen im Download-Center.

— *www.ctistartup.ch:* Diese Seite vom schweizerischen Bundesamt für

Berufsbildung und Technologie bietet Information zur Gründung. Auf dieser Seite finden Sie auch Informationen zur Förderagentur für Innovation KTI, welche das Unternehmertum in der Schweiz unterstützt.

Natürlich gibt es auch zu den Themen dieses Kapitels eine Reihe hervorragender Bücher mit vielen Tipps. Zwei davon möchten wir Ihnen besonders ans Herz legen.

— Dowling, M./Drumm, H.J. (2008): *Gründungsmanagement. Vom erfolgreichen Unternehmensstart zu dauerhaftem Wachstum.* Dieses Werk wirft einen umfassenden Blick auf die Thematik mit einer Fülle von Hintergrundinformationen sowie Zahlen, Daten und Fakten.
— Faltin, G. (2009): *Kopf schlägt Kapital. Die ganz andere Art, ein Unternehmen zu gründen.* Der Autor akzentuiert die Kreativität von Existenzgründern. Ein praxisorientiertes und daher schlichtweg lesenswertes Buch.

4
Fallstudie:
Businessplan der Firma STEAP

Bei der Erstellung des Businessplans befinden Sie sich mitten in der Seed-Phase: Sie haben sich für eine Unternehmensgründung entschieden, ein kompetentes Team zusammengestellt und beim Kickoff-Meeting und den folgenden Gesprächen die Grundlagen für Ihren Businessplan erarbeitet. Nun gilt es, Banken und/oder private Investoren zu überzeugen, Sie bei Ihrem Abenteuer Innovation finanziell zu unterstützen. Die Entscheidung für Ihr Projekt ist abhängig von Ihnen als Persönlichkeit, dem Auftreten Ihres Teams – also insgesamt von Ihrer Außenwirkung –, dem Innovationsgrad und der Marktfähigkeit Ihres Produkts/Ihrer Dienstleistung. Die gebündelten Informationen zu Ihren Plänen erhalten potenzielle Geldgeber über Ihren Businessplan. Doch wie soll so ein Businessplan am besten aussehen? Worauf legen die Investoren wert? Welche Bestandteile müssen zwingend enthalten sein? Um all diese Fragen kümmern wir uns in diesem Kapitel.

Die Firma HBB Power & Water GmbH (P & W) stellte uns freundlicherweise ihren Businessplan zur Verfügung. Wir werden den Businessplan weitestgehend im Original zitieren. Jedoch haben wir ihn mit eigenen Inhalte ergänzt und aus unserer Sicht optimiert, sodass er die Inhalte der vorhergehenden Kapitel noch weiter verdeutlicht. Sie finden darüber hinaus Kommentare und Leitfragen, die sich aus dem Text ableiten lassen und generell in Ihrem Businessplan beantwortet werden sollten.

Mit diesem Kapitel stellen wir Ihnen ein erfolgreiches Beispiel aus der Praxis für Ihre eigene Umsetzung vor.

4.1 Executive Summary: Komprimierter Businessplan

Wie bereits in Kapitel 3 erwähnt, dient die Zusammenfassung, das *Executive Summary*, der schnellen Übersicht für alle Interessierten. Wir empfehlen Ihnen, diese Zusammenfassung erst zum Schluss Ihrer gesamten Überlegungen zu erstellen. Der Grund: Wie sollen Sie Detailaussagen über Prozesse machen, an deren Anfang Sie gerade stehen?

Mit dem Executive Summary wollen Sie die Detailergebnisse des gesamten Businessplans spannend und zugleich für Laien verständlich zum Ausdruck bringen. Beides ist nicht ganz einfach, daher sollten Sie hier besonders sorgfältig am Text feilen. Eine Anmerkung zum Umfang: Das Executive Summary ist kein Exposé, daher auch nicht auf eine Seite beschränkt. In der Endfassung eines schlüssigen Businessplans darf diese Zusammenfassung durchaus bis zu 3 Seiten lang sein.

4.1.1 Originaltext

Die HBB Power & Water GmbH (P&W) aus Königsbrunn hat eine preiswerte, umweltfreundliche Technologie entwickelt, die aus Abwärme elektrischen Strom produziert: STEAP (aus *steam and power*).

Durch Einsatz vorhandener Abwärme verschiedenster Quellen (Industrie, Landwirtschaft, Geothermie et cetera) von circa 65 °C aufwärts erhöht STEAP den Wirkungsgrad bestehender Systeme. Die zusätzlich erzeugte Energie kann entweder selbst verwenden oder gegen Vergütung in das Stromnetz eingespeist werden.

Ursprünglich zielte die Erfindung auf den deutschen Biogasmarkt ab, da dieser händeringend Lösungen zur Gewinnmaximierung sucht. Es stellte sich jedoch schnell heraus, dass die Technologie für zahlreiche andere Industriezweige mit Wärme als unerkanntem Rohstoff Anwendung finden kann.

P & W wird durch ein flexibles Team geleitet, das zum Großteil seit über 20 Jahren zusammenarbeitet.

Es existieren zwei Demoeinheiten und ein Prototyp, die das Prinzip STEAP nachweisen. Die Kerntechnologie ist in Deutschland, Europa und anderen Teilen der Welt bereits patentiert, weitere patentrechtliche Optimierungen sind beantragt. Alle Schutzrechte liegen bereits bei P & W.

Die Firma wird nach Plan einen Umsatz von x Millionen Euro im fünften Betriebsjahr erreichen.

Gesamtüberblick	Jahr 1	Jahr 2	Jahr 3	Jahr 4	Jahr 5
Umsatz					
Brutto-Marge					
Gesamt-Betriebskosten					
EBITDA					
Nettogewinn					
% Brutto-Marge/Umsatz					
% EBITDA/Umsatz					

Um dieses Ziel innerhalb des Planungshorizontes zu erreichen, wird eine Investition in Höhe von x Euro benötigt.

Mit dieser Summe werden sechs STEAP-Pilotanlagen gebaut und in Biogasanlagen installiert. STEAP wird anhand der Kenntnisse aus den Pilotprojekten optimiert und die bestehende Montagehalle für die Serienproduktion vorbereitet. Die ersten Serienanlagen sollen anschließend im April des ersten Betriebsjahres ausgeliefert werden. Es gibt bereits etliche Anfragen von potenziellen Kunden, die das Marktpotenzial bestätigen.

4.1.2 Kommentar

Wichtig ist, dass bereits im ersten Satz der Kern der Produktidee umrissen wird. Daran können Geldgeber ersehen, in welchem Marktsegment das Produkt etabliert werden soll und ob das Vorhaben somit zum Profil des Investors passt. Im Anschluss erklären die Gründer das Prinzip von STEAP, ohne jedoch auf zu viele Einzelheiten einzugehen. So geben sie keine Betriebsgeheimnisse preis. Immer wieder gibt es Businesspläne, bei denen sich Technikfaszinierte in Details verlieren, die irgendwann von den Lesern nicht mehr verstanden werden.

Die Tabelle mit dem Gesamtüberblick zur Finanzplanung ist ein Blickfang. Die Zahlen von HBB haben wir bewusst weggelassen. Hier wird für den zahlenorientierten Betrachter schnell deutlich, welche Prognose das Unternehmen anstellt. Es empfiehlt sich auf jeden Fall, die Zahlen von erfahrenen Steuerberatern aus dem betreffenden Marktsegment prüfen zu lassen, denn diese haben in der Regel ein gutes Fingerspitzengefühl für den Markt und die dort üblichen Wachstumsgrößen.

Unserer Ansicht nach fehlen bei der Zusammenfassung noch wesentliche Aspekte: Marktzugang und Marketing. Wie soll STEAP konkret auf den Bedarfsmarkt gebracht werden? Auf diese Frage erhalten wir keine Antwort.

Aus dem Text geht nicht deutlich hervor, ob sich die Gründer an Banken wenden oder an Privatinvestoren. Bei Banken macht sich der Zusatz gut:»Bei Übertreffen der prognostizierten Daten werden Sondertilgungen ab dem x. Betriebsjahr geleistet werden können.« Privatinvestoren erwarten Aussagen zu prozentualen Beteiligungen und zur präferierten Gesellschaftsform. Außerdem steht noch die Frage im Raum, welche Rolle dem Investor zukommt.

Leitfragen zum Executive Summary

— Wer ist Leser/Zielgruppe Ihres Businessplans?
— Sind alle entscheidenden Parameter leserorientiert dargestellt?
— Wurden alle Kapitel des Businessplans berücksichtigt?
— Ist das Produkt/die Dienstleistung im ersten Satz kurz und bündig dargestellt?
— Erwähnen Sie im zweiten Satz den Gesamt-Kapitalbedarf und den zu erwartenden Break-even-Point?
— Was ist das Alleinstellungsmerkmal?
— Worin unterscheiden Sie sich von anderen Anbietern?
— Wie wollen Sie die identifizierten Märkte erreichen?
— Wie stellen Sie sich die längerfristige strategische Entwicklung vor?
— Welches Risikomanagement haben Sie geplant?
— Welche Gewinne und Beteiligungen können Banken bzw. Investoren erwarten?
— Wie sollte Ihr strategischer Partner aufgestellt sein?
— Wann könnte ein Investor aussteigen (Exit)?

4.2 Unternehmerteam: Das Herzstück der neuen Firma

Die Autoren des Businessplans der HBB Power & Water GmbH entschieden sich, gleich zu Beginn auf das Unternehmerteam einzugehen. Das Kapitel trägt die Überschrift »Hintergrund«, da HBB ein klassisches Spin-off eines bereits bestehenden Unternehmens war.

4.2.1 Originaltext

STEAP wurde ursprünglich von der KBH Engineering GmbH entwickelt. Seit über 20 Jahren ist KBH auf die Entwicklung, Konstruktion, Steuerungsprogrammierung, Montage und Inbetriebnahme von Sonderanlagen, unter anderem zur Oberflächenbehandlung, spezialisiert. Im Bewusstsein, dass der Markt sich wandelt, wurden aktiv Ressourcen darauf verwendet, Marktbedürfnisse in der zukunftsträchtigen Cleantech-Branche zu identifizieren. Ziel war es, Lösungen zu entwickeln, die ein nachhaltiges Geschäftsmodell sichern.

Im November 2008 wurde die heutige HBB Power & Water GmbH gegründet, um eine neue Basis für die Entwicklung, Produktion und Vermarktung von STEAP zu schaffen. Die Geschäftstätigkeit der KBH Engineering GmbH konnte in das neue Unternehmen übertragen werden. Im April 2009 wurde durch die Aufnahme eines neuen Gesellschafters die erste Finanzierungsrunde abgeschlossen und das Gründungsteam komplettiert:

— *Carin Hausmann-Baur,* Mitgründerin und technische Geschäftsführerin,
— *Moritz Brand,* Gesellschafter und kaufmännischer Geschäftsführer,

— *Kurt Hausmann,* Mitgründer und Leiter Entwicklung,
— *Andrew Hausmann,* Mitgründer und Leiter Produktion,
— *April Almanstötter,* Mitgründer und Leiter Organisation/Einkauf,
— *Thomas Burscheidt,* Mitgründer und kaufmännische Beratung.

Die Gruppe, die sich zur Umsetzung der STEAP-Idee zusammengefunden hat, ist hoch motiviert und im gemeinsamen Handeln erfahren. 20 Jahre Sonderanlagenbau-Erfahrung der Familie Hausmann geben die Sicherheit, dass Entwicklungen marktorientiert sind (und nicht etwa technisch anspruchsvolle, unverkäufliche Produkte). Schlanke Strukturen wurden von KBH übernommen, damit Ziele ohne unnötige Kosten umgesetzt werden. Kaufmännisches Know-how und effektives Controlling sind neue Kompetenzen, die von den Gesellschaftern Moritz Brand und Thomas Burscheidt abgedeckt werden und gesundes Wachstum gewährleisten.

Gemeinsam haben wir internationale Erfahrung und sind diesem Projekt mit allen Ressourcen verpflichtet. Wir haben etliche Kontakte im Markt sowie zu Personen, die an der Vermarktung von STEAP interessiert sind.

Die perfekte Zusammenarbeit des Teams, die daraus resultierenden messbaren Ergebnisse der Testeinheit und das offenkundige Interesse aus dem Markt bestätigen unsere Vision: STEAP ist das richtige Produkt zum richtigen Zeitpunkt. Explosives Wachstum und lukrative Gewinne sind daher realistisch und erreichbar.

4.2.2 Kommentar

Ein großer Pluspunkt für das Unternehmerteam der HBB Power & Water ist aus Investorensicht die langjährige Zusammenarbeit vieler Teammitglieder. Auch die Tatsache, dass bereits ein Gesellschafter nicht nur als Geldgeber, sondern auch als kaufmännischer Berater ins Boot geholt werden konnte, hinterlässt einen positiven Eindruck. Die Leser merken sofort, dass hier die Bereitschaft besteht, neues Wissen ins Unternehmen zu integrieren.

Was dafür spricht, das Unternehmerteam direkt nach der Zusammenfassung vorzustellen, liegt auf der Hand: Wir haben bereits mehrfach betont, wie wichtig die menschliche Komponente und die Vertrauensbasis bei der Kreditvergabe sind. Geldgeber beurteilen zunächst die Personen, dann die Idee – und wenn alles zusammenpasst, kommt es zur Kreditvergabe bzw. zum Investment. »Kredit« stammt vom lateinischen Wort »credere«, also »vertrauen«. Investoren und Banken investieren erst im zweiten Schritt in Produkte: Wer wendet sich an mich? Mit wem habe ich es zu tun? Welche Legitimation hat diese Person? Auf diese wichtigen Fragen geben Sie Investoren oder Banken so eine Antwort.

Generell achtet diese Zielgruppe bei Ihrem Businessplan auf folgende Kriterien:

— *Komplementäre Eigenschaften des Expertenteams,* welche glaubhaft gemacht werden müssen. Die Teammitglieder sollten in ihrem jeweiligen Zuständigkeitsbereich über relevante und ausreichende Erfahrung verfügen.

— *Einfache Unternehmens- und Führungsstrukturen.* Hierbei sollte zum Ausdruck kommen, wer wie viele Unternehmensanteile besitzt und wie beim Ausscheiden eines der Partner verfahren wird. Nicht im Detail, sondern grob umrissen. Es reicht, wenn Sie erwähnen, dass es einen internen Gesellschaftervertrag gibt, der diese Dinge eindeutig regelt.

— *Externe Partner und strategische Partnerschaften* ergänzen das bestehende Team und runden es ab. Beschreiben Sie, um welche externen Partner es sich handelt und beschreiben Sie kurz, warum Sie sich für genau diese Partner entschieden haben. Darüber hinaus sollten Sie über vereinbarte Vergütungssysteme Aussagen treffen.

— Die *Motivation der einzelnen Akteure*, in das Vorhaben einzusteigen, ist ebenfalls interessant für Geldgeber. Jeweils ein Satz reicht aus, um die gemeinsame Vision und die gemeinsame Identität glaubhaft zu machen.

Leitfragen zum Unternehmerteam

— Um wen handelt es sich beim Team hinsichtlich Werdegang, Expertise, Erfolgen und Auszeichnungen?

— Hat das Team bereits gemeinsam in professionellem Kontext zusammengearbeitet?

— Wem gehören welche Anteile am Unternehmen?

— Welche interne Exit-Strategie gibt es?

— Wie wird die subjektiv-individuelle Motivation jedes Teammitgliedes zum Ausdruck gebracht?

— Welche Kompetenzen fehlen unter Umständen und müssen extern hinzugeholt werden?

— Wie verhält es sich hier gegebenenfalls mit der Fähigkeit und Fertigkeit, die Betriebsgeheimnisse zu wahren?

4.3 Produkt/Dienstleistung: USP, Kundennutzen und Reason-why

In diesem Teil beschreiben Sie Ihre Idee – und zwar so, dass Sie alle technisch relevanten Informationen allgemein verständlich aufarbeiten. Das kann eine echte redaktionelle Herausforderung sein. Investoren und Bankmitarbeiter sollen ein Gefühl für Ihr Produkt/Ihre Dienstleistung entwickeln. Sie sollten daher über notwenige Details informiert werden, ohne dabei mit technischen Einzelheiten überfordert zu werden. Im Prinzip soll die Produkt-/Dienstleistungsbeschreibung Antworten auf zwei wesentliche Fragen geben:

— Was kann Ihr Produkt?
— Was unterscheidet es von anderen Produkten auf dem Markt?

Das will im Bereich technischer Innovationen gut überlegt und dann verständlich beschrieben sein. Im Bereich von Dienstleistungen können genauso gut beispielsweise Standortfaktoren Grundlage einer Investoren- oder Bankentscheidung sein. Wichtig ist, dass über die Produktbeschreibung hinaus erläutert wird, welchen Nutzen Ihr Produkt potenziellen Kunden bietet. Über das Marketing wird dieser Kundennutzen durch Werbeaussagen begründet (Reason-why): Warum sollte die Kaufentscheidung des Kunden genau auf Ihr Produkt oder Ihre Dienstleistung fallen? Der Stand der Entwicklung ist ein weiteres, entscheidendes Kriterium. Kapitalgeber sind daran interessiert, zu einem möglichst späten Zeitpunkt in laufende Projekte einzusteigen, um ihr Risiko zu minimieren.

4.3.1 Originaltext

Produkt

STEAP verbessert den Wirkungsgrad von Prozessen, bei denen Abwärme erzeugt wird, indem zusätzliche Energie aus der Wärme gewonnen wird. In der Industrie, wo Wärme aus Herstellungs- oder Bearbeitungsprozessen übrig bleibt, reduziert STEAP die Menge an Energie, die am Markt zugekauft werden muss.

Technologie

STEAP wandelt Wärme in elektrische Energie. Das Prinzip ist das einer Dampfmaschine: Wasser wird erhitzt, beim Verdampfen vergrößert sich das Volumen, der dadurch entstehende Druck verrichtet mechanische Arbeit, die in elektrische Energie umgewandelt wird.

Im STEAP-System wird ein Vakuum erzeugt, welches das Arbeitsmedium – Wasser – bei Temperaturen ab circa 65 °C zum Verdampfen bringt. Der Dampf wird (je nach Druck und Temperatur) durch einen Membran- oder Kolbenmotor geleitet und zwingt die Membrane beziehungsweise den Kolben, sich in eine vordefinierte Richtung zu bewegen. Die wiederholte Bewegung erzeugt Strom.

Folgende Neuerungen sind in STEAP enthalten:

— Die patentierte Vakuumerzeugung verzichtet auf den Einsatz energieintensiver Vakuumpumpen.

— Im Gegensatz zur ORC-Technologie (Organic Rankine Cycle) benötigt STEAP keine umweltschädlichen oder explosiven Wirkmedien. STEAP verwendet Wasser als Arbeitsmedium. Damit werden Probleme mit chemischer Verflüchtigung, Gefahrgut und Dichtungen ausgeschlossen.

— Der Kolbenmotor, der bei höheren Temperaturen eingesetzt wird, hat keine äußerlichen Ventile, weniger bewegliche Teile und ist daher robuster und leiser als die meisten herkömmlichen Lösungen.

Die Kombination dieser Vorteile ergibt hohe Wirkungsgrade bei stabiler, sicherer Laufleistung.

An dieser Stelle folgt im Original die schematische Abbildung des STEAP-Systems.

STEAP erhöht die Effizienz herkömmlicher Gasmotoren. Für einen typischen Gasgenerator beträgt die elektrische Leistung nur circa 38

Prozent der thermischen Eingangsleistung. Der Rest ist überwiegend als Abwärme im Abgas und der Motorkühlung zu finden.

An dieser Stelle folgt im Original die schematische Abbildung der Testanlage.

Status quo der Patente

Effizienzsteigerung durch Abwärmenutzung gewinnt an Bedeutung, was sich in der weiteren Entwicklung von neuen Technologien und ORC (Organic Rankine Cycle) zeigt. Wir suchen fortlaufend nach konkurrierenden Systemen, haben bisher jedoch keine gefunden, die an die Leistungsfähigkeit von STEAP herankommen. Die Technologie, die STEAP am nächsten kommt und auf den gleichen anfänglichen Markt abzielt, ist ORC. Einige dieser Patente werden von Wettbewerbern gehalten und beschreiben ausdrücklich deren individuellen ORC-Prozess. Andere Patente beschreiben Wärmenutzungsmöglichkeiten, liegen aber in der Anwendung außerhalb der Zielmärkte von STEAP, dessen Wärmewandlungseigenschaften einzigartig sind.

Alle Schutzrechte von STEAP werden von der HBB Power & Water GmbH gehalten oder stehen der Gesellschaft uneingeschränkt, kostenlos und exklusiv zur Nutzung zur Verfügung. Die Patente können während der Due Diligence im Detail eingesehen werden. Während der Entwicklung von STEAP haben sich weitere patentierbare Ideen und Prozesse ergeben, die STEAP optimieren und zusätzlichen Nutzen für Kunden generieren. Um weiteren Schutz zu sichern, wird die Entwicklungsgruppe unsere eigenen Systeme unter dem Aspekt der Patentumgehung untersuchen, um gegebenenfalls Lücken bereits vorab durch Streupatente zu schließen.

Beschaffung/Fertigung

95 Prozent der STEAP-Komponenten werden zugekauft beziehungsweise auftragsgefertigt. Die Fertigung wird auf mehrere Betriebe ver-

teilt, sodass kein Zulieferer eine Einheit komplett bauen kann oder auf die Gesamtkonstruktion schließen kann. Darüber hinaus wurden mit Schlüssellieferanten Geheimhaltungsvereinbarungen geschlossen.

Marktführereigenschaft

Einer der sichersten Wege, Kopien zu vermeiden, ist eine schnelle und hochwertige Positionierung im Markt. STEAP wird hier einen Standard setzen und damit die Markteintrittsbarrieren für Wettbewerber erhöhen.

4.3.2 Kommentar zum Produkt

»Keep it short and simple« – Halte es kurz und einfach. Dieser Grundsatz wurde bei HBB Power & Water eingehalten. Anhand dieser Produktbeschreibung erhält der Leser ausreichend Informationen, ohne mit technischen Details überfordert zu werden. Thomas Fürst, Leiter des Gründungszentrums der Stadtsparkasse München hat uns diesbezüglich im Interview mitgeteilt, dass unabhängig von der Rentabilitätsrechnung seitens der Kapitalgeber auch eine fachliche Beurteilung von Projekten durch Experten vorgenommen wird. Bereits bestehende Patente schaffen Vertrauen bei den Kapitalgebern, sind sie doch sichere Indizien dafür, dass es sich bei der Idee tatsächlich um eine Innovation handelt. Der Verweis auf aktuell laufende Patentprüfungen in verwandten Bereichen signalisiert dem Investor: Dieses Unternehmerteam kennt seine Zielmärkte. Den Autoren des Businessplans gelang es ebenfalls, den Kundennutzen klar und knapp darzustellen: Es geht um die Nutzung von Abwärme, die im Rahmen von Produktionsprozessen als »Abfall« entsteht.

Leitfragen zum Produkt/zur Dienstleistung

— Was ist die eigentliche Neuerung?
— Welchen Mehrwert verspricht das Produkt/die Dienstleistung innerhalb der Branche?
— Welchen Nutzen haben die Zielgruppen Ihres Produktes?
— Müssen Lizenzen von anderen Anbietern gekauft werden?
— Wenn ja, zu welchem Preis kaufen Sie Lizenzen ein?
— Entstehen durch die Lizenzen kurz-, mittel- oder langfristige Abhängigkeiten?
— Welche Schutzstrategie verfolgen Sie?
— Ist diese Strategie offensiv oder defensiv ausgelegt?
— Haben Sie Ihre Idee bereits patentiert oder haben Sie dies vor?
— Welchen strategischen Sicherheitsstatus hat Ihre Idee?
— Welche weiteren Entwicklungsschritte sind nötig?

4.4   Markt und Wettbewerb

Nachdem Sie sich und Ihr Team sowie das eigene Produkt vorgestellt haben, geht es nun um den Nachweis der Markt- und Branchenkenntnis. Als Erstes beschreiben Sie den Markt, in dem Sie Ihr Produkt/Ihre Dienstleistung positionieren. Schildern Sie hier beispielsweise, wie hoch der Gesamtumsatz in der Branche ist, welche Haupteinflussfaktoren es gibt, welche Eintrittsbarrieren Sie in den von Ihnen avisierten Märkten identifiziert haben und wie sie damit umgehen wollen.

4.4.1 Originaltext

Absatzmärkte

STEAP ist ein System zur Steigerung der Energieeffizienz. Da es bereits bei Abwärmequellen ab 65 °C eingesetzt werden kann, ist der Kreis potenzieller Kunden groß. Denn gerade kleine Biogasanlagen, welche sich in der Regel im Anhang von kleinen und mittleren landwirtschaftlichen Betrieben befinden, können so zusätzliche Gewinnpotenziale erwirtschaften. Die attraktivsten Märkte sind dabei in denjenigen Ländern zu finden, die gesetzlich geregelte Strom-Einspeisevergütungen eingeführt haben.

Marktgröße

Die Vermarktung von STEAP wird sich im ersten Schritt auf den deutschen Biogasanlagenmarkt konzentrieren. Im Jahr 2008 gab es in Deutschland 4000 Biogasanlagen mit durchschnittlich zwei bis drei Generatoren pro Anlage. Daraus ergibt sich ein inländisches Marktpotenzial von 10 000 STEAP-Einheiten. Der Fachverband Biogas e. V. geht von einem weiter wachsenden Markt aus und prognostiziert für das Jahr 2009 die Installation von weiteren 780 Biogasanlagen in Deutschland. Unabhängig von seiner Größe ist der Markt aufgrund der attraktiven Einspeisevergütungen auf Basis des EEG 2009, welches die Stromeinspeisung zu einem fixierten Preis garantiert, besonders attraktiv. Der durch STEAP zusätzlich eingespeiste Strom wird über den EEG-Grundpreis hinaus mit einem Technologiebonus vergütet.

Die Betriebskosten von Biogasanlagen haben sich in den letzten Jahren aufgrund steigender Preise für Biomasse erhöht. Betreiber suchen nach Lösungen, mehr Umsatz bei gleichen Kosten zu generieren. Tausende Biogasanlagen können mit STEAP nachgerüstet werden und innerhalb kürzester Zeit zusätzliche Erträge erwirtschaften. Zielkunden sind deshalb kleinere landwirtschaftliche Biogasanlagen mit Generatoren bis 650 kW Leistung, die keine oder nur unzureichende Wärmekonzepte haben. Bei Lokalterminen konnte außerdem festgestellt werden, dass die ökonomischen Ausschöpfungsstrategien hinsichtlich der Einspeisungsverordnung suboptimal genutzt werden. Aufgrund der geografischen Gegebenheiten und unseres vorerst kleinen Vertriebsnetzes konzentrieren wir uns im ersten Schritt auf den Anlagenverkauf in Bayern und Baden-Württemberg.

	Gesamt Biogasanlagen	Davon kleiner als 650 kW
Bayern	1400	1360
Baden-Württemberg	550	545

Nach dem Marktinteresse zu urteilen wird der Absatz lediglich durch unsere Produktionskapazitäten begrenzt sein. Anfänglich wird deshalb nur ein kleiner Teil des Marktes bearbeitet. Es gibt drei unmittelbare Richtungen, in die STEAP expandieren kann.

Wettbewerber

Derzeit gibt es auf dem Markt nur eine Technologie, die potenziell mit STEAP konkurriert: Organic Rankine Cycle (ORC). Die Technologie der Konkurrenz besteht ebenfalls aus einem geschlossenen Kreislauf und basiert darauf, Strom zu erzeugen, der durch den Zustandswechsel des Arbeitsmediums frei wird. Aufgrund der Tatsache, dass ORC bereits seit Mitte der 1960er-Jahre auf dem Markt präsent ist, verfügt das System bereits über ein Vertriebsnetz. Folgende Partner konnten bisher identifiziert werden:

— LTi Adaturb GmbH, Deutschland,
— ElectraTherm Inc., USA,
— FreePower LTD, UK,
— Ergion GmbH, Deutschland,
— Ener-G-Rotors Inc, USA,
— Tri-O-Gen B.V., Niederlande.

Insgesamt haben die oben genannten Wettbewerber weniger als fünf Pilotanlagen in unserem Kernmarkt installiert. Eine detaillierte Wettbewerbsanalyse kann während der Due Diligence eingesehen werden.

Bei einer Kundenbefragung konnten wir wichtige Unterschiede zwischen beiden Systemen herausarbeiten, die zu einem deutlichen Ergebnis führten: Unsere STEAP-Technologie hat klare Vorteile, die es den gemeinsamen Zielgruppen gegenüber herauszustellen gilt:

— Die Mehrzahl der ORC-Systeme verwenden Turbinen als Stromgeneratoren. Aufgrund der hohen Empfindlichkeit von Turbinen sind diese für den Zielmarkt – Biogasanlagen mit Generatoren bis 650 kW – relativ teuer.
— Die Wartung der ORC-Systeme ist kompliziert und kann somit nicht vom Personal des Betreiberunternehmens oder vom Landwirt selbst ausgeführt werden. Dies ist demgegenüber mit unserem STEAP-System möglich.
— ORC funktioniert abhängig vom Arbeitsmedium grundsätzlich nur innerhalb eng begrenzter Temperaturbereiche. STEAP hingegen kann den gesamten Temperaturbereich von 450 °C bis 65 °C nutzen. Um die gleiche Bandbreite mit ORC zu erreichen, müssten mehrere verschiedene, voneinander komplett abgekoppelte Systeme kombiniert werden.
— STEAP ist robuster bezogen auf Einsatztemperatur und Umgebungsvoraussetzungen. STEAP ist einfach, sicher und effizient.

— Nach heutigem Kenntnisstand ist STEAP wesentlich kompakter gebaut, was vor allem im Zielmarkt bei landwirtschaftlichen Biogasanlagen von Vorteil ist.

Die ORC-Technologie wurde zwar seit Mitte der 1960er-Jahre weiterentwickelt, hat aber aufgrund der oben dargestellten technischen Defizite bisher noch keinen echten Durchbruch erzielt. So zeigten persönliche Umfragen bei potenziellen Kunden im Einstiegsmarkt der Biogasanlagenbetreiber eine deutliche Abneigung bei den Befragten gegenüber den bei ORC als Arbeitsmedium eingesetzten Stoffen. Hierzu zählen unter anderem Fluorkohlenwasserstoffe und andere Kühlmittel, die giftig und zum Teil explosiv sind. STEAP verwendet als Arbeitsmedium nur Wasser.

Wir beobachten fortlaufend die Konkurrenz und deren Weiterentwicklungen. Parallel zu den Veränderungen in den Zielmärkten werden wir unsere Marktstrategie entsprechend anpassen. Ziel ist die Nutzung der offenkundigen Schwächen von ORC zur Etablierung von STEAP als Branchenführer im Marktsegment und somit eine eindeutige Differenzierung zum Wettbewerber.

4.4.2 Kommentar

Üblicherweise sollten Businesspläne die Kategorien »Markt« und »Wettbewerb« in drei bis vier DIN-A4-Seiten bearbeiten. Die im Rahmen des vorliegenden Businessplans exerzierte Aufteilung ist daher eher unüblich. Da das Gesamtkonzept, das diesem Plan zugrunde liegt, trotz dieser Abweichung von der Norm zu einer erfolgreichen Finanzierung führte, soll Ihnen das vor Augen führen: Plausibilität ist gefragt, nicht Formalismus.

Als erster Markt wird der süddeutsche Raum vor dem Hintergrund des gesamtdeutschen Wachstumsszenarios identifiziert. Es wird deutlich, dass – basierend auf dem im Kapitel »Unternehmerteam« dargestellten Personalansatz – der Aufbau einer darauf abgestimmten regionalen Vertriebsstruktur für ein organisches Wachstum des Unternehmens in seiner Start-up-Phase geplant ist. Damit wird dem Kapitalgeber signalisiert: Der Zielmarkt ist definiert, die anfallenden Kosten für den Vertrieb der Anlagen sind überschaubar. Im zweiten Teil wird klar: Im Vorfeld der Erstellung dieses Businessplans wurden Kundenbefragungen durchgeführt. Daraus ergeben sich wesentliche Erkenntnisse für das eigene Marketing. So konnte beispielsweise herausgefunden werden, dass die Technik der Konkurrenz auf gefährlichen chemischen Substanzen basiert. Hier hat STEAP mit der Verwendung von Wasser klare Wettbewerbsvorteile: Das System kommt ohne problematische Chemikalien aus, was dem Kunden zusätzlich Einsparungen bei der Wartung einbringt.

Leitfragen zu Markt und Wettbewerb

— Ist die Branche, in der sich Ihre Idee umsetzen lässt, eine schnell wachsende, eventuell sogar eine boomende?
— Welches Marktvolumen erwarten Sie generell in Ihrer Branche?
— Wie hoch schätzen Sie Ihren Marktanteil ein?
— Wie schätzen Sie die aktuelle und die perspektivische Profitabilität in Ihrer Branche und mit Ihrem Produkt ein?
— Gibt es Wettbewerber? Falls nein: Warum nicht?
— Wie sind die Konkurrenten aufgestellt?
— Welche Vorteile haben die Wettbewerber?
— Welche Markteintrittsstrategie wählen Sie daher?
— Wenn es sich bei Ihrer Idee um eine absolute Neuheit handelt: Wie wird der Markt reagieren?

4.5 Marketing

Haben Sie sich bislang mit Ihren eigenen Kompetenzen, dem Produkt und dem Markt befasst, geht es nun ausschließlich um Ihre potenziellen Kunden. Ihr Marketingkonzept sollte alle Kriterien beinhalten, die die Kaufentscheidung Ihrer potenziellen Kunden zu Ihren Gunsten beeinflussen.

Um die vier Instrumente des Marketingmix – aus dem Englischen entlehnt mit 4 P bezeichnet (*product, price, placement, promotion*) – geht es im Wesentlichen in diesem Abschnitt. Versuchen Sie aus Kundensicht Antworten auf die wichtigen Fragen zur Produkt-, Preis-, Kommunikations- und Distributionspolitik zu finden: Wie spricht Ihr Produkt potenzielle Kunden am besten an? Welcher Preis ist akzeptabel? Wie kann der Kunde am wirkungsvollsten auf Ihr Produkt aufmerksam gemacht werden? Wo und wie soll der Kunde an Ihr Produkt herankommen?

Sie ahnen es bereits: Marketing ist überaus komplex. Es reicht eben nicht aus, einen schicken Flyer zu entwickeln und diesen anonym auszusenden. Vielmehr will gut überlegt sein, welche Aktionen man startet, um das Produkt/die Dienstleistung bekannt zu machen. Nur zielgruppenorientiertes Marketing macht Sinn. Überlegen Sie, ob Sie sich in diesem sensiblen Bereich für Kooperationen mit erfahrenen Partnern entscheiden, wie dies zum Beispiel SFC getan hat. Vielleicht haben Sie in Ihrem Team aber auch einen Marketing-Profi.

Tipp: Seien Sie vorsichtig, wenn Sie sich an Marketing-Agenturen wenden. Wir haben selbst mehrfach erlebt, dass Angebote gemacht wurden, die wenig solide, dafür aber sehr kostenintensiv waren. Gute Marketing-Agenturen erkennen Sie unter anderem daran, dass sie auf Erfolgsbasis arbeiten und selbst einen Teil oder sogar die komplette Umsetzung übernehmen.

4.4.1 Originaltext

Marketing

Die HBB Power & Water GmbH hat mit der Firma pro-visio einen Partner engagiert, der Erfahrungen und Erfolge im Bereich strategischer Beratung junger Unternehmen und zudem Geschäftsbeziehungen in der Cleantech-Branche vorweisen kann. Gemeinsam mit dem Geschäftsführer dieses Partnerunternehmens konnte das folgende Konzept entwickelt werden.

Produkt

Unsere zukünftigen Kunden sollen unsere Kernkompetenz von vornherein identifizieren können: Unsere Produktinnovation ist die optimale Lösung im Bereich der Biogastechnologie-Abwärme für kleine und mittelständische landwirtschaftliche Betriebe. DIN- und EU-Zertifizierungen sind gerade im Bereich von jungen Start-up-Unternehmen wichtige, Vertrauen schaffende Kriterien. Die HBB Power & Water GmbH wird deshalb die Zertifizierung nach ISO 9001 noch vor Start der Serienproduktion abgeschlossen haben. Den Einspar- und Wertschöpfungspotenzialen, der einfachen Handhabbarkeit und den ökologisch einwandfreien verwendeten Materialien (Wasser) wird im Rahmen der Produktdarstellung in dieser Reihenfolge größte Bedeutung beigemessen. Die Kunden erhalten zur Unterscheidung vom Mitbewerber ORC von vornherein klare Antworten über die Vorteile von STEAP.

Im ersten Schritt zielt unser Angebot auf Biogasanlagen mit maximaler Einspeisevergütung in Bayern und Baden-Württemberg ab. Als Erstkunden wurden landwirtschaftliche Biogasanlagen identifiziert, die über die Grund- und NaWaRo-Vergütung hinaus KWK- beziehungsweise technologiebonusfähig sind oder diesen Status durch STEAP erreichen werden. Diese Anlagen erfüllen insbesondere folgende Kriterien:

— Die Biogasanlage läuft auf Basis der Trockenfermentation. Damit wird bereits der Technologiebonus gewährt und gilt auch für den durch STEAP zusätzlich eingespeisten Strom.

— Die Anlage beinhaltet ein Wärmekonzept, welches durch KWK-Bonus vergütet wird. Die Kombination von STEAP und Wärmenutzung erfüllt die Voraussetzung für die Technologiebonusvergütung.

— Die bestehende Anlage setzt einen Generator von bis zu 200 kWel ein. Damit wird in Kombination mit STEAP ein Gesamtwirkungsgrad von 45 Prozent erreicht, der für die Vergütung mit Technologiebonus notwendige Voraussetzung ist.

Im ersten Expansionsschritt setzen wir auf die Produktvariation: Auf Basis der vorhandenen STEAP-25-Technologie ist eine Modellausweitung in Leistungsbereiche von 75 kW ohne erheblichen Entwicklungsaufwand geplant. Mit STEAP 25 ist die Nachverstromung von Abwärme bei Generatoren bis 320 kW technisch sinnvoll. STEAP 75 ermöglicht darüber hinaus, Generatoren bis 650 kW abzudecken. Die Marktreife von STEAP 75 ist für Sommer 2010 geplant. Es ist unser Ziel, mit STEAP einen Standard für Abwärmenutzung bei kleinen und mittleren Biogasanlagen zu setzen. Nachdem wir unser Ziel, die Marktführerschaft bei kleinen und mittleren Biogasanlagen im deutschen Sprachraum, erreicht haben, werden wir ab 2012 den Einsatz der STEAP Technologie in folgenden Märkten vorantreiben:

— *Industrie/Gewerbe:* Wir machen uns das verstärkte Umwelt- und Kostenbewusstsein zunutze und bieten STEAP als Unterstützung an, die Umweltvorgaben zu erreichen. Hauptziel in diesem Segment ist nicht die Stromeinspeisung, sondern die Energieeinsparung beziehungsweise ein sinnvolles Wärmekonzept zu erreichen. Diese Maßnahmen unterstützen zunehmend die Corporate-Responsibility-Programme der Industrieunternehmen.

— *Palmölanlagen:* Ein Großteil dieser Anlagen sind EEG-gesteuert angeschafft worden. Hintergrund ist die Erzeugung von Strom aus nachwachsenden Rohstoffen. Im Vergleich zu Biogasanlagen ist die Einspeisevergütung allerdings wesentlich geringer. Durch den Einsatz von STEAP wird bei gleichbleibendem Input durch die Nachverstromung der Abwärme aus dem Verbrennungsprozess zusätzliche Energie eingespeist. Es gibt derzeit 200 Palmölanlagen im Deutschland.

— *Deponiegas:* Potenziell ein relativ unkomplizierter Markt: Es werden weitgehend die gleichen Gasmotoren verwendet wie in Biogasanlagen. Zur Penetration dieses Marktes ist von technischer Seite kein zusätzlicher Entwicklungsaufwand notwendig. Ebenso wie bei Palmölanlagen ist die Einspeisevergütung im Vergleich zu Biogasanlagen wesentlich geringer.

— *Solarthermische Installationen:* Solarthermische Anlagen haben an Akzeptanz gewonnen – den hohen Investitionskosten stehen aber hohe EEG-Einspeisevergütungen gegenüber. Durch den Einsatz von STEAP wird der Wirkungsgrad dieser Anlagen verbessert und die Amortisationszeit der Initialinvestition verkürzt.

Preispolitik

Hier wenden wir uns den Themen »Preisgestaltung« und »Zahlungs- und Liefervereinbarungen« und somit der Kontrahierungspolititk zu. Aufgrund der oben beschriebenen selektiven Markterschließung orientiert sich unsere Preispolitik an einer Abschöpfungsstrategie. Basierend auf einer Wirtschaftlichkeitsberechnung für den Kunden und nach Analyse der Marktpreise des potenziellen Wettbewerbs wurde ein Preis von 5 000 Euro pro kW für STEAP 25 festgelegt. Dieser Preis ergibt eine Amortisationszeit von circa vier Jahren für den Kunden. Bei Finanzierung der Anlage erzielt er bereits ab dem zweiten Monat einen positiven Cashflow.

Eine beispielhafte Wirtschaftlichkeitsrechnung für einen Kernmarktkunden ist in Anhang 2 dargestellt.

Bezüglich der Rabattpolitik haben wir ein lukratives Angebot gerade für diejenigen Interessenten, die nicht nur ein einziges STEAP-System erwerben wollen. Wir bieten generell einen Markteinführungsrabatt für die ersten drei Monate an, welcher zehn Prozent des späteren Zielpreises von 5000 Euro beträgt. Darüber hinaus werden wir ständig potenziellen Großabnehmern Bar-Rabatte oder auch Naturalrabatte in Form von vergünstigten Service- und Wartungsdienstleistungen anbieten. Hierbei sind für uns die großen Raiffeisen-Genossenschaften primäre Ansprechpartner.

Distributionspolitik

Hier gehen wir der Frage nach, wie die Produkte von uns zum Endkunden gelangen. Für die ersten beiden Jahre ist ausschließlich der Direktverkauf vorgesehen: Unsere eigenen Mitarbeiter werden proaktiv auf diejenigen landwirtschaftlichen Betriebe zugehen, die über Biogasanlagen in der für uns lukrativen Größenordnung verfügen. Daten über diese Betriebe liegen uns über den Verein Biogasanlagen e. V. bereits vor. Darüber hinaus werden wir mit Marktveranstaltungen auf regionalen Industrie- und Landwirtschaftsmessen in Baden-Württemberg und Bayern präsent sein.

Mit diesen Distributionswegen prägen wir zugleich unser Image durch das direkte und persönliche Marketing: Wir sind regional aufgestellt und präsent. Gibt es unerwartet Probleme, so sind wir mit unseren nachgeordneten Distributionseinrichtungen – hier der Wartung – sehr schnell vor Ort und bieten Lösungen.

Kommunikationspolitik (Promotion)

Unser Unternehmenssprachrohr ist die innovative Kommunikationsstrategie, die aus drei Elementen besteht. Die erste Frage für unsere

Copy-Strategie lautet:»Was« muss als Kernbotschaft vermittelt werden und wie wird sie optimal unterstützt? Die Antwort lautet:»Wir bieten zu einem akzeptablen Preis Zusatznutzen für Ihre Biogasanlage.« Die zweite Frage betrifft unsere Kommunikationsmittel-Strategie:»Wie« wird die Botschaft an die relevanten Zielgruppen herangetragen? Durch persönlichen Verkauf, Direktwerbung und die Teilnahme an regionalen Messen. Damit ist bereits die dritte Frage nach den Kommunikationsträgern ansatzweise beantwortet. Wo werden wir unsere Werbemittel positionieren? Anfangs begrenzt auf die beiden Bundesländer Baden-Württemberg und Bayern mit unseren eigenen Potenzialen.

4.5.2 Kommentar

Man erkennt, dass dieses Start-up-Team eine realistische und realisierbare Markteintrittsstrategie verfolgt. Entscheidend ist bei der Wahl der Strategie, welchen Produktlebenszyklus Sie erwarten. STEAP ist ein typisches Beispiel für einen Marathonläufer. Der Mitbewerber ORC ist bereits seit den 1960er-Jahren in der Branche aktiv. Im Gegensatz dazu war das Tamagotchi ein klassischer Sprinter. Es entstand eine sprunghafte Nachfrage, der Lebenszyklus dieses Produktes war allerdings nach dem kurzen Boom schnell beendet.

Diese als »organisches Wachstum« bezeichnete Strategie empfiehlt sich für all diejenigen unter Ihnen, die wir am Beginn des Buches als Marathonläufer bezeichnet haben. Für die Sprinter unter Ihnen, die eine Innovation so schnell wie möglich auf den Markt bringen müssen, sollte die Strategie anders aussehen.

Leitfragen zum Marketing
— In welchen Marktsegmenten/Branchen planen Sie Ihren Markteintritt?
— Welche Kernaussagen sollen das Produkt/Ihre Innovation prägen?
— Welchen Preis werden Sie für Ihr Produkt/Ihre Dienstleistung verlangen?
— Welche Zahlungspolitik planen Sie?
— Wie gewinnen Sie Referenzkunden?
— Welche Bedeutung haben Service, Wartung und Hotline?
— Welchen Vertriebsweg wählen Sie?
— Wo sind Sie räumlich und medial präsent (Messen, Flyer, Website)?

4.6   Geschäftssystem und Organisation

Mit der Beschreibung Ihres Geschäftssystems, beziehungsweise Ihrer Wettbewerbsstrategie, geben Sie vor allem Auskunft über Ihre Wertschöpfungskette. Diese Darstellung setzt Ihr Unternehmen in Bezug zu seinem Umfeld. Das Geschäftssystem sollte eine profitable, beständige Position Ihrer Firma im Vergleich zu den Mitbewerbern glaubhaft machen. Das Geschäftssystem hat Arndt (2009) grafisch so dargestellt:

Abbildung 12: Unternehmensinternes Zusammenspiel als generisches Geschäftssystem (Arndt, 2009)

Betrachten Sie diese Abbildung bitte nicht als Dogma. Strukturen können sich deutlich unterscheiden, da sie sehr branchenspezifisch sind. Junge Sprinterunternehmen haben sicher eine völlig andere Struktur als Unternehmen, die bereits die Lebenszyklen mehrerer Produkte durchlaufen haben oder über viele Jahre hinweg an der Entwicklung eines speziellen Produkts arbeiten. In Ergänzung zur obigen Abbildung verweist das Gabler-Wirtschaftslexikon (1997, S. 4366) auf weitere organisatorische Kernfunktionen: Die Unternehmensinfrastruktur, das Human-Resources-Management, die Zuständigkeit für Technologieentwicklung und den Bereich Beschaffung. Auch diese sind noch zu ergänzen: Mit der Geschäftsleitung und den Finanzen fehlen die letzten Bereiche, die eine funktionsfähige Organisation ausmachen.

Nun stellt sich die Frage, wie ein Geschäftssystem profitabel und beständig dargestellt werden kann? Im Gabler-Wirtschaftslexikon wird auf fünf Rahmenbedingungen hingewiesen, auf welche Sie Ihr Geschäftssystem im Businessplan adaptieren sollten:[46]

— Verhandlungsmacht Ihrer Lieferanten,
— Verhandlungsmacht Ihrer Käufer,
— Bedrohung durch den Eintritt potenzieller Neu-Konkurrenten,
— Bedrohung durch Substitute und
— Rivalität unter bereits existierenden Konkurrenten.

Bei der Darstellung Ihrer Unternehmensorganisation geht es quasi um die »Dienstpostenbeschreibung« Ihres Gründungsteams. Ziel ist die Klärung folgender Positionen:

— Aufgabengebiet der Gründungsteammitglieder,
— Kostenplan,

---

46   Gabler Wirtschaftslexikon (1997), S. 4366.

— Kapazitätsplan,
— Terminplan.

Zuständigkeiten und Verantwortungen sind hier klar darzustellen. Während Sie beim Punkt »Unternehmerteam« darstellten, warum jemand mit seinen Qualitäten generell ins Team passt, geht es hier darum, zu beschreiben, wie die Aufgaben dieser Person speziell im Kontext des neuen Unternehmens aussehen.

4.6.1 Originaltext

Forschung und Entwicklung
Auf der Basis der vorhandenen STEAP-25-Technologie ist eine Modellausweitung in Leistungsbereiche von 75 kW ohne erheblichen Entwicklungsaufwand geplant. Mit STEAP 25 ist die Nachverstromung von Abwärme bei Generatoren bis 320 kW technisch sinnvoll. STEAP 75 ermöglicht darüber hinaus, Generatoren bis 650 kW abzudecken. Die Marktreife von STEAP 75 ist für Sommer 201X geplant. Es ist unser Ziel, mit STEAP einen Standard für Abwärmenutzung bei kleinen und mittleren Biogasanlagen zu setzen. Die Forschungs- und Entwicklungsarbeit ist von finanzieller Seite her durch den bereits erfolgten Einstieg der Kapitalgeber gesichert und voll finanziert. Weitere Forschungs- und Entwicklungsschritte befinden sich auf Konzeptniveau.

Produktion
Für die ersten beiden Jahre planen wir 100 (Betriebsjahr 1), dann 120 Anlagen (Betriebsjahr 2) Anlagen, womit wir einerseits den momentan erwarteten Bedarf abdecken können, uns aber auch noch in den bereits vorhandenen Anlagen zur Fertigung dieser Kapazitätsgrößen bewegen.

Die STEAP-Komponenten werden zum größten Teil fremd vergeben, um dann in Königsbrunn montiert und getestet zu werden. Anfänglich werden circa 50 Prozent der Komponenten Normteile und 50 Prozent Fertigungsteile sein. Im Laufe der Optimierung für die Serie wird sich das Verhältnis hin zu einem deutlich größeren Anteil von Normteilen verschieben. Dadurch werden Kosten reduziert und die Liefersicherheit erhöht.

Es bestehen langjährige Verbindungen zu Fertigungsbetrieben, teilweise seit über 20 Jahren. Jeder Lieferant wird für eine begrenzte Anzahl von Komponenten verantwortlich sein, damit erstens bei einem Lieferengpass keine allgemeine Verzögerung entsteht und zweitens nicht mehr Know-how als nötig herausgegeben wird.

Die nächsten Schritte im Aufbau der Serienproduktion:

— Qualifizierung weiterer Lieferanten,
— Spezifikation, Auswahl und Implementierung eines ERP-Systems,
— Anpassung des bestehenden Qualitätssicherungssystems an Serienfertigung,
— externe Beratung bezüglich Produktionsablaufplanung,
— Ergänzung der Betriebsausstattung.

Beginnend mit dem Zeitpunkt der Fertigung der ersten Serienanlagen werden wir auf externe Logistikexperten zurückgreifen, um Materialfluss und -steuerung zu optimieren.

Marketing (hierzu zählt auch Vertrieb)
Die hausinternen Kräfte reichen unserer Marktforschung nach während der ersten beiden Jahre aus, um die erforderliche Anzahl von STEAP-Anlagen (120 Stück pro Jahr) abzusetzen. Hierzu sehen wir für den Direktvertrieb vor allem das nicht technische Personal je nach Abkömmlichkeit vor. Bei regionalen Messepräsenzen der vor allem

landwirtschaftlichen Ausstellungen wird zudem das technische Personal ebenfalls vor Ort sein. Neben dem Direktvertrieb bei kleinen und mittleren Unternehmen werden zurzeit Kontakte zu mehreren Produktionsunternehmen von Biogasanlagen forciert. Ziel ist der gemeinsame Auftritt zur Gewinnung von Großkunden in der Industrie. Wir erwarten folgende weitere Wachstumsmärkte, in die wir im Rahmen von strategischen Partnerschaften Eintritt suchen:

— Industrieunternehmen,
— Palmölanlagen,
— Deponiegasnutzer,
— Zusatzkomponenten über solarthermische Installationen.

Unser Marketing basiert hauptsächlich auf folgender Aussage: Die obigen Expansionsmöglichkeiten beruhen alle auf dem Originalprodukt STEAP, das aus Abwärme Strom erzeugt. Es gibt bereits weitere Entwicklungen, Modelle und Konzepte für weiterführende Produkte, die teilweise im Zusammenspiel mit STEAP neue Anwendungen ermöglichen. Die HBB Power & Water GmbH wird sich auf viele Jahre hinaus als Lieferant hochwertiger Umweltlösungen etablieren.

Service
Service und Ersatzteillieferungen werden zunächst durch hauseigene Techniker geleistet. Wesentliche Kennzahlen des Anlagebetriebs werden über DFÜ laufend an P & W übermittelt. Abweichungen werden damit frühzeitig erkannt. Servicemaßnahmen und Ersatzteillieferungen können zeitnah erfolgen. Es wird bewusst auf Kundennähe gesetzt, um die Erkenntnisse daraus in die Entwicklung einfließen zu lassen.

Organisation

Im Rahmen eines Organigramms werden wir die Zuständigkeiten und Verantwortungen klar darstellen. Über alle hier aufgeführten Tätigkeiten gibt es Dienstpostenbeschreibungen, sodass bei Ausscheiden einer Person dieselbe durch eine andere ersetzt werden kann, deren Profil entsprechende Kompetenzen aufweisen muss.

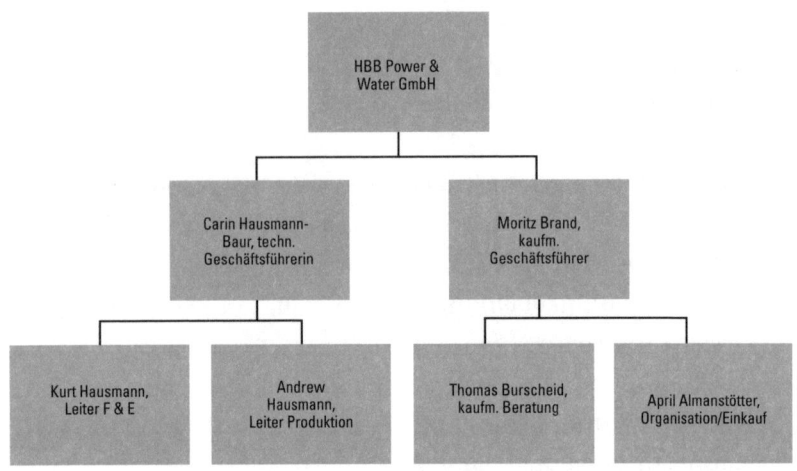

Abbildung 13: Grafische Darstellung unserer internen Organisation

Besondere Bedeutung kommt im Organisationszusammenhang unseren Zulieferfirmen zu. Da wir teilweise seit über zwanzig Jahren kooperieren, können wir von der absoluten Zuverlässigkeit unserer Partnerbetriebe ausgehen. Diese sind allesamt seriös geführt und stehen ökonomisch gesund da.

4.6.2 Kommentar

Insgesamt können bei HBB Wertschöpfungskette und Organisation in einem für Start-up-Unternehmen kaum üblichen Ausmaß glaubhaft dargestellt werden. Die Tätigkeitsfelder sind klar voneinander getrennt. Die Ausführungen zum Geschäftssystem erläutern die Wertschöpfungskette, das Organigramm ergänzt diese Informationen mit festgelegten Verantwortlichkeiten und Ansprechpartnern. Darüber hinaus scheinen auch die Kontakte zu den Zulieferern eine gesicherte Basis ökonomischen Wirtschaftens sicherzustellen.

Leitfragen zu Geschäftssystem und Organisation
— Welche Wertschöpfungskette erachten Sie für relevant?
— Welche Arbeitspakete sind damit verknüpft?
— Wer ist wofür zuständig?
— Was produzieren Sie selbst, was wird eingekauft?
— Wo werden Sie zusätzlich extern unterstützt?
— Welche Produktfertigungs- beziehungsweise Dienstleistungs-Stückzahlen planen Sie?
— Welches Wachstum erwarten Sie?

4.7 Realisierungsfahrplan

Der Realisierungsfahrplan sollte Informationen darüber geben, welche Arbeitspakete mit welchem Teil der Finanzplanung korrelieren. Im Verlauf des dritten Kapitels sind wir sehr detailliert auf die ersten Schritte der Pre-Seed- und der Seed-Phase eingegangen. Daher ersparen wir Ihnen an dieser Stelle die Anmerkungen zum Realisierungsfahrplan und wenden uns dem konkreten Beispiel von STEAP zu.

4.7.1 Originaltext

Realisierungsfahrplan

Phase	Arbeitspaket	Finanzplanung	Aktueller Stand	Liquidität
Pre-Seed **(10/20XX –** **12/20XX)**	Grobkonzeptentwurf, Entwicklung eines messbaren Modells, Patentrecherchen und Beantragung Patentschutz	eigene Kapitalrücklagen; Prototypenfertigung über »SIGNO«	erfolgreich durchgeführt	XX Euro (Eigeneinlagen), 7500 Euro via »SIGNO«
Seed **(01/20XX –** **06/20XX)** **Unsere Ist-Phase!**	Detaillierter Businessplan, mit Coach erarbeitet; Firmengründung erfolgt, Bau und Installation eines Prototyps »proof of technics«	XX Euro über den Hightech-Gründerfonds Bayern	in Teilen bereits durchgeführt	Gesichert für 18 Monate, Anschlussfinanzierung in Verhandlung

Start-up/ Early Stage (07/20XX und circa drei weitere Betriebsjahre)	spätester Zeitpunkt der Firmengründung, Aufnahme der Serienproduktion der 25-kW-Anlagen, Produktionsziel ersten zwei Jahre: jeweils 120 Stück, Vertriebsziel: Verkauf aller Anlagen	Finanzziele: XX Euro über Investorengruppe, XX Euro über »Clusterfonds Innovation«, XX Euro über Fremdfinanzierung		gesichert, prognostizierte Gewinne ermöglichen Investorenrendite in Höhe von X Prozent
Later Stage (ab dem vierten Betriebsjahr)	Erweiterung des Angebotsportfolios auf industrielle Großanlagen, Erweiterung des Vertriebs, Umzug in größere Produktionshallen	Finanzziele: XX Euro über Innenfinanzierung, XX Euro über Investorengruppe		gesichert, prognostizierte Gewinne ermöglichen Investorenrendite in Höhe von X Prozent, zusätzlich Bonuszahlung

Tabellarische Auflistung bereits erledigter und noch zu erfüllender Aufgaben:
Wir befinden uns derzeit in der Seed-Phase.

Exkurs Beschaffungsplanung

Die zur Anfertigung des Prototyps erforderlichen Einrichtungen und Anlagen wie Produktionshalle, Werkzeuge, Hebezeuge, Befeuerungseinrichtung et cetera sind vorhanden.

Unteraufträge werden an externe Projektingenieure vergeben. Alle zur Anfertigung von STEAP erforderlichen externen Zulieferteile sind bereits vorhanden, sodass mit der Fertigstellung des Prototyps zeitnah (bis zur XX. Kalenderwoche) und definitiv ausgegangen werden kann. Daneben wird der als Fachkapazität anerkannte Verband C. A. R. M. E. N. (Centrales Agrar-Rohstoff-Marketing- und Entwicklungs-Netzwerk) derzeit mit der Erstellung eines Gutachtens zur Bestätigung der Einspeiseberechtigung beauftragt.

4.7.2 Kommentar

Private Investoren und Banken möchten an dieser Stelle sehen, in welcher Phase der Unternehmensgründung Sie sich aktuell befinden und wann Sie erste Renditen erwarten. Ein interessanter Aspekt: Es fördert die Bewertung Ihres Businessplans, wenn Sie bereits in der Seed-Phase Nebenprodukte Ihres eigentlichen Zielproduktes auf den Markt bringen können, wie uns der Leiter des Gründungszentrums der Stadtsparkasse München im Interview bestätigte. Ansonsten sind in diesen Ausführungen alle notwendigen Punkte kurz und übersichtlich dargestellt worden.

Leitfragen zum Realisierungsfahrplan
— Sind die Meilensteine realistisch gesetzt?
— Sind sie nachvollziehbar?
— Passt das Verhältnis Meilensteine/Finanzplanung im Überblick?

4.8 Chancen und Risiken

Unternehmer verlassen sich nicht auf ein glückliches Händchen. Besser ist es, die Chancen und Risiken des Vorhabens genau zu prüfen. Selbstverständlich wollen auch Ihre potenziellen Investoren sehen, dass Sie sich mit diesen Themen auseinandergesetzt haben und welche Strategien zur Risikominimierung sie erarbeitet haben.

4.8.1 Originaltext

Chancen und Risiken
Chancen:

— Aufbau eines dynamischen, funktionierenden Vertriebs- und Produktionsnetzes auf nationalem Niveau in Deutschland und parallel dazu in Österreich und in der Schweiz mit dem bestehenden System.

— Kostengünstige Entwicklung von größeren Systemen oberhalb des 25-kW-Nutzungsbereichs. Dadurch ist rasches Wachstum in anderen Marktsegmenten möglich.

— Nach erfolgter Etablierung des Systems im deutschsprachigen Raum können rasch Kunden in weiteren 30 Ländern weltweit kontaktiert werden, in denen es ökologische Vergütungsprogramme gibt.

— Gesetzliche Vorgaben könnten schon sehr bald Energieeffizienzanlagen wie STEAP zur Auflage bei der Neuaufstellung machen, in einer zweiten Stufe, ähnlich wie bei den Katalysatoren bei Autos sogar eine Nachrüstung älterer Systeme zwingend notwendig machen.

Risiken:

— Da die Technologie relativ unkompliziert ist, kann das Patent noch leicht umgangen werden. Daher ist es eine wesentliche Herausforderung, mit dem zu erwartenden Investitionskapital eine größere Patentgruppe zu implementieren, die das Umgehen erheblich erschweren wird.

— Verzögerte oder ausbleibende Komponentenzulieferung. Durch Streuung der Vorfertigungsvergaben können Engpässe vermieden werden. Wir haben diese Prozesse auch bei der Vorgängerfirma derart gesteuert, dass es nie zu Engpässen oder einseitigen Abhängigkeiten kam.

— Kundenverhalten ist zögerlich, da STEAP ein Pionierprodukt ist. Mit Raiffeisen verfügen wir über einen etablierten Vertriebspartner, der unser STEAP in sein Angebotsportfolio übernimmt. Die Raiffeisen steht bei den landwirtschaftlichen Betrieben als vertrauenswürdiger Partner hoch im Ansehen. Diverse Zertifizierungen wie das bereits erwähnte C.A.R.M.E.N. sollen ebenfalls um das Vertrauen unserer zukünftigen Kunden werben. Ein weiterer Aspekt: Die direkte Vermarktung bei den einzelnen landwirtschaftlichen Betrieben erzeugt Vertrauen und hilft erfahrungsgemäß, Misstrauen und Berührungsängste abzubauen.

4.9   Finanzplanung

An dieser Stelle folgen Daten des Unternehmens, die wir aus Diskretionsgründen nicht offenlegen möchten. Gerne verweisen wir aber auf das Gerüst, welches uns Herr Arndt vom Münchener Business Plan Wettbewerb zur Verfügung gestellt hat. Wenn Sie an diesem Wettstreit teilnehmen, können Sie eine kostenlose Software für die Erstellung Ihres Businessplans nutzen. Ihre Finanzplanung sollten Sie von einer Steuerberatungskanzlei prüfen lassen. Bei Ihrer Hausbank kann man Ihnen mit Zahlenmaterial zu Prognosen für die Wachstumsraten und Gewinne in Ihrer Branche weiterhelfen. Aufgabe Ihrer Finanzplanung ist es, den bisherigen Inhalt des Businessplans in Zahlen auszudrücken.

4.9.1 Originaltext

Finanzierung
Basierend auf den bisherigen Überlegungen besteht folgender Kapital-bedarf, der den Planungen und Vorgesprächen gemäß über folgende Herkunftsquellen abgedeckt werden soll:

Aufgabenpaket	Geldquellen/Mittelherkunft			
	Staatliche Förderun-gen	Staatliche Forschungs-förderungen	Bankkredit	Eigenmittel
Entwicklung MBA, BA, Zusatzqualifikationen		▓		
Projekte zur Gesund-heitsförderung		▓		
Bau des Appartement-bereichs				▓
Errichtung Refugial-bereich	▓		▓	

Aufgabenpakete und Herkunft der Mittel

Bezogen auf einen Zeitstrahl ergibt sich folgendes Bild:

Geldquelle	Seed 03/2010 – 11/2011	Start-up 12/2011 – 04/2014	Later Stage ab 05/2014
Eigenmittel/ Erlöse			
Bankkredite			
Staatliche Forschungs- förderung			
Staatliche Förderungen			

Mittelherkunft/Geldquellen und Unternehmensphasen

Folgende Investitionen sind zu leisten:

Nr.	Position	Kosten
1		Euro
2		Euro
3		Euro
4		Euro
5		Euro
6		Euro
	Gesamtsumme	Euro

Investitionsvolumen

Wir kalkulieren derzeit mit folgenden Eckdaten:

— Laufzeit: x Jahre.
— Zinsaufschlag auf 3-Monats-Euribor: x Prozent.
— Zinsperioden: 1/3/6/12 Monate.
— Zinsanpassung: 1/8 Rundung kaufmännisch.
— Jederzeitige Tilgungsmöglichkeit: ja.
— Bearbeitungsgebühr: 1,5 Prozent.

Die nachfolgenden Zinssätze spiegeln eine Bindung an den 3-Monats-Euribor/Libor der jeweiligen Währung wider. Aufschlag beziehungsweise Zinsanpassung sind wie oben angeführt inkludiert. Die Zinsen werden dekursiv am Ende der Roll-over-Perioden berechnet.

— Euro: 2,00 Prozent.
— US-Dollar: 1,75 Prozent.
— Schweizer Franken: 1,75 Prozent.
— Yen: 1,75 Prozent.

Finanzierungsaufstellung

Position	Betrag	Bemerkung
+ Kapitalreserve		
Gesamtinvestitionsvolumen und anfängliches Kreditvolumen		

– öffentliche Förderungen		
Langfristiger Kapitalbedarf		

Finanzierungsaufstellung

Liquiditätsplanung (LiPla für das IfG gesamt, in tausend Euro)

1	Einzahlungen	01	02	03	04	05	06	07	08	09	10	11	12
1.1	Umsatz												
1.2	Anzahlungen												
1.3	Sonst. Einzahlungen												
1.4	**Summe Einzah-lungen**												
2	**Auszahlungen**	01	02	03	04	05	06	07	08	09	10	11	12
2.1	Material & Waren												
2.2	Fremdleistungen												
2.3	Personal												
2.4	Leasing												

2.5	Kredittilgungen													
2.6	Zinsen													
2.7	Sonstige Auszahlungen													
2.8	Steuern													
2.9	**Summe Auszahlungen**													
2.10	Investitionen													
2.11	**Anzahlungen gesamt (2.9 + 2.10)**													
2.12	**Kapitalbedarf (1.4 – 2.11)**													
2.13	**Kapitalbedarf kumuliert**													
3	**Finanzierung**	**01**	**02**	**03**	**04**	**05**	**06**	**07**	**08**	**09**	**10**	**11**	**12**	
3.1	Eigenkapital													
3.2	Kredite (langfristig)													
3.3	Kontokorrent													
3.4	Staatliche Zuschüsse													

3.5	Barmittelbestand Vorperiode												
3.6	**Summe Finanzierung**												
4	**Einzahlungen**	**01**	**02**	**03**	**04**	**05**	**06**	**07**	**08**	**09**	**10**	**11**	**12**
4.1	Barmittelbestand												
4.2	Endstand Kontokorrent												
4.3	Kontokorrentlinie												
4.4	**Liquiditätsreserve**												

Liquiditätsplanung 1. Jahr

1	**Einzahlungen**	**I 02**	**II 02**	**III 02**	**IV 02**	**I 03**	**II 03**	**III 03**	**IV 03**	**BJ 04**	**BJ 05**
1.1	Umsatz										
1.2	Anzahlungen										
1.3	Sonst. Einzahlungen										
1.4	**Summe Einzahlungen**										

2	Auszahlungen	I 02	II 02	III 02	IV 02	I 03	II 03	III 03	IV 03	BJ 04	BJ 05
2.1	Material & Waren										
2.2	Fremdleistungen										
2.3	Personal										
2.4	Leasing										
2.5	Kredittilgungen										
2.6	Zinsen										
2.7	Sonstige Auszahlungen										
2.8	Steuern										
2.9	**Summe Auszahlungen**										
2.10	**Investitionen**	I 02	II 02	III 02	IV 02	I 03	II 03	III 03	IV 03	BJ 04	BJ 05
2.11	**Anzahlungen gesamt (2.9 + 2.10)**										
2.12	**Kapitalbedarf (1.4 – 2.11)**										
2.13	**Kapitalbedarf kumuliert**										

3	Finanzierung	I 02	II 02	III 02	IV 02	I 03	II 03	III 03	IV 03	BJ 04	BJ 05
3.1	Eigenkapital										
3.2	Kredite (langfristig)										
3.3	Kontokorrent										
3.4	Staatliche Zuschüsse										
3.5	Barmittelbestand Vorperiode										
3.6	Summe Finanzierung										
4	Einzahlung	I 02	II 02	III 02	IV 02	I 03	II 03	III 03	IV 03	BJ 04	BJ 05
4.1	Barmittelbestand										
4.2	Endstand Kontokorrent										
4.3	Kontokorrentlinie										
4.4	Liquiditätsreserve										

Liquiditätsplanung 2. bis 5. Jahr

Gewinn- und Verlustrechnung (gemäß § 275 dt. HGB)

1	Erträge	01	02	03	04	05	06	07	08	09	10	11	12
1.1	Umsatzerlöse												
1.2	Bestandsveränderungen												
1.3	Aktivierte Eigenleistungen												
1.4	Sonst. betriebl. Erträge												
1.5	**Summe Erträge**												
2	**Aufwendungen**	**01**	**02**	**03**	**04**	**05**	**06**	**07**	**08**	**09**	**10**	**11**	**12**
2.1	Material und Waren												
2.2	Fremdleistungen												
2.3	Personal												
2.4	Leasing												
2.5	Abschreibungen												
2.6	Sonstiger betrieblicher Aufwand												
2.7	Rückstellungen												
2.8	Außerordentliche Aufwendungen												
2.9	**Summe Aufwendungen**												
3	**Ergebnis der gewöhnlichen Geschäftstätigkeit**	01	02	03	04	05	06	07	08	09	10	11	12

4	Zinsen und ähnliche Aufwendungen	01	02	03	04	05	06	07	08	09	10	11	12
5	Staatliche Zuschüsse	01	02	03	04	05	06	07	08	09	10	11	12
6	Steuern	01	02	03	04	05	06	07	08	09	10	11	12
6.1	Steuern von Einkommen/Ertrag												
6.2	Sonstige Steuern												
7	Monatsüberschuss/ Monatsfehlbetrag	01	02	03	04	05	06	07	08	09	10	11	12

Gewinn- und Verlustrechnung (in tausend Euro) nach Gesamtkostenverfahren im 1. Jahr

1	Erträge	I 02	II 02	III 02	IV 02	I 03	II 03	III 03	IV 03	BJ 04	BJ 05
1.1	Umsatzerlöse										
1.2	Bestandsveränderungen										
1.3	Aktivierte Eigenleistungen										
1.4	Sonstige betriebliche Erträge										
1.5	Summe Erträge										

2	Erträge	I 02	II 02	III 02	IV 02	I 03	II 03	III 03	IV 03	BJ 04	BJ 05
2.1	Material und Waren										
2.2	Fremdleistungen										
2.3	Personal										
2.4	Leasing										
2.5	Abschreibungen										
2.6	Sonstiger betrieblicher Aufwand										
2.7	Rückstellungen										
2.8	Außerordentliche Aufwendungen										
2.9	**Summe Aufwendungen**										
3	**Ergebnis der gewöhnlichen Geschäftstätigkeit**	I 02	II 02	III 02	IV 02	I 03	II 03	III 03	IV 03	BJ 04	BJ 05
4	**Zinsen und ähnliche Aufwendungen**	I 02	II 02	III 02	IV 02	I 03	II 03	III 03	IV 03	BJ 04	BJ 05
5	**Staatliche Zuschüsse**	I 02	II 02	III 02	IV 02	I 03	II 03	III 03	IV 03	BJ 04	BJ 05
6	**Steuern**	I 02	II 02	III 02	IV 02	I 03	II 03	III 03	IV 03	BJ 04	BJ 05
6.1	Steuern von Einkommen/ Ertrag										

6.2	Sonstige Steuern										
7	Jahresüberschuss/Jahres-fehlbetrag	I 02	II 02	III 02	IV 02	I 03	II 03	III 03	IV 03	BJ 04	BJ 05

Gewinn- und Verlustrechnung (in tausend Euro) nach Gesamtkostenverfahren im 2. bis 5. Jahr

Planbilanz (für das IfG gesamt, gemäß §§ 264 ff. dt. HGB)

1	Aktiva	BJ 01	BJ 02	BJ 03	BJ 04	BJ 05
1.1	Anlagevermögen					
1.1.1	Immaterielles Anlagever-mögen					
1.1.2	Grundstücke und Ge-bäude					
1.1.3	Technische Anlagen und Maschinen					
1.1.4	Sonstige Gegenstände und Anlagevermögen					
1.1.5	Summe Anlagevermögen					
1.2	Material und Waren					
1.2.1	Lager und Vorräte					
1.2.2	Forderungen aus Liefe-rungen und Leistungen					

		BJ 01	BJ 02	BJ 03	BJ 04	BJ 05
1.2.3	Sonstige Forderungen					
1.2.4	Barmittel					
1.2.5	Summe Umlaufvermögen					
1.3	**Summe Aktiva**					
2	**Passiva**	**BJ 01**	**BJ 02**	**BJ 03**	**BJ 04**	**BJ 05**
2.1	Eigenkapital					
2.1.1	Gezeichnetes Kapital					
2.1.2	Neues Eigenkapital					
2.1.3	GuV-Vortrag und freie Rücklagen					
2.1.4	Jahresüberschuss / Jahresfehlbetrag					
2.1.5	Summe Eigenkapital					
2.2	Rückstellungen					
2.3	Verbindlichkeiten					
2.3.1	Material und Waren					
2.3.2	Fremdleistungen					
2.3.3	Kredite und langfristige Verbindlichkeiten					
2.3.4	Kontokorrent u. kurzfristige Verbindlichkeiten					
2.3.5	Sonstige Verbindlichkeiten (zum Beispiel Steuern)					

2.3.6	Summe Verbindlich-keiten					
2.4	**Summe Passiva**					

Planbilanz (in tausend Euro)

4.9.2 Kommentar

Es ist kein Beinbruch, wenn Sie in diesem Bereich keinerlei oder nur wenig Erfahrung haben. Vielleicht haben Sie im Team einen kompetenten Mitarbeiter, der fundierte betriebswirtschaftliche Kenntnisse besitzt. Falls nicht, ziehen Sie Wirtschaftsprüfer oder Steuerberater hinzu. Sprechen Sie Coachs (zum Beispiel bei Businessplan-Wettbewerben) an oder bitten Sie Ihre Ansprechpartner bei den Kammern um Unterstützung bei der Suche nach einem geeigneten Finanzberater. Aber kümmern Sie sich auf jeden Fall rechtzeitig um einen Experten.

Sicherlich, externes Know-how einzukaufen kostet erst einmal Geld, aber die Investition zahlt sich aus: Die finanzielle Seite Ihres Gründungsvorhabens wird von einem Experten »auf Herz und Nieren« geprüft und Sie haben so frühzeitig die Möglichkeit nachzubessern, bevor Sie den Businessplan potenziellen Kapitalgebern präsentieren. Mit einem unprofessionellen, unrealistischen Finanzplan hinterlassen Sie nämlich einen denkbar schlechten Eindruck – und verspielen so womöglich leichtfertig einen Kredit. Dabei ist es wie so oft im Leben: Der erste Eindruck zählt. Daran sollte Ihr Unternehmensvorhaben doch nun wirklich nicht scheitern!

Leitfragen zur Finanzierung

— Wann benötigen Sie erstes Fremdkapital?
— Auf welche Höhe beläuft sich das benötigte
   Fremdkapital?
— Wie prognostizieren Sie die finanzielle Entwicklung des
   Unternehmens?
— Sind weitere Finanzierungsrunden abzusehen? (Früh-
   zeitig einplanen!)
— Was bieten Sie privaten Investoren?
— Welche Exit-Strategien schlagen Sie Investoren vor?

4.10   Zusammenfassung

Der Businessplan ist ohne Zweifel das entscheidende Strategiepapier.
Im Prinzip setzen Sie darin die Dinge um, die Sie bereits im Projektmanagement zum Teil vorbereitet haben. Daher dient der Businessplan
im weiteren Geschäftsleben allen Beteiligten als Leitfaden. So kann
er Ihnen zur wertvollen Orientierung werden, wenn Sie sich beispielsweise fragen, ob Sie noch auf dem richtigen Kurs sind. Ebenso hilft
Ihnen ein Blick auf die prognostizierten Zahlen bei einem Soll-Ist-Ver-
gleich.

Doch trotz all der Zahlen, Vorschriften, Paragrafen und Strategien –
am Ende zählen vor allen Dingen Authentizität und Persönlichkeit.
Ihre Vision ist Ihr größtes Kapital. Wenn Ihre Begeisterung auf Ihre
Teammitglieder überspringt, haben Sie schon ein kleines Feuer ent-
facht. Mit einem solchen Gründerteam voller Energie und Tatendrang
können Sie entspannt vor Ihre potenziellen Kapitalgeber treten. Denn
Bankmitarbeiter und Investoren sind vor allem eines: Menschen. Und

wir alle lassen uns eher von einer selbstbewussten, charismatischen Persönlichkeit und einer tollen Idee beeindrucken als von einem schicken Kostüm oder einem teuren Anzug allein. Sicherlich, ein gepflegtes Äußeres unterstreicht den Effekt. Dazu noch die passenden Accessoires (Exposé, Businessplan, Projektmanagement) und dem Abenteuer Innovation steht nichts mehr im Wege!

5
Experteninterviews

5.1 Werner Arndt, Geschäftsführer der Münchener Business Plan Wettbewerb GmbH

Welche konkrete Funktion hat Ihr Unternehmen, Herr Arndt?
Der MBPW verfolgt seit 12 Jahren das Ziel, Persönlichkeiten, die eine Idee verfolgen und unternehmerisch umsetzen wollen, von der Konkretisierung ihrer Idee bis zur Unternehmensgründung zu begleiten. Seit 2010 kommt eine weitere reizvolle Komponente hinzu, die Follow-up-Betreuung in einem Zeitfenster von bis zu fünf Jahren nach der Gründung. Im Fokus der Initiative stehen drei Säulen: Mobilisierung, Umsetzung und Standortsicherung.

Was verstehen Sie genau unter diesen drei Säulen?
Erstens: Die Mobilisierung von innovativen Geschäftsideen aus Hochschulen und Forschungseinrichtungen sowie aus dem unternehmerischen Umfeld. Das bedeutet, dass wir drei Bereiche haben, in denen wir die Mobilisierung der Ideenträger unterstützen. Zum einen helfen wir bei der Weiterentwicklung der individuellen Soft Skills, damit die werdenden Unternehmer eines Tages ihre Ideen punktgenau, interessant und mit den richtigen Inhalten vor Investoren vorstellen können. Darüber hinaus helfen wir als »Matching-Partner«, wenn es um die Entwicklung der Ideen geht. Wir verfügen diesbezüglich über aus-

gezeichnete Netzwerkpartner und über eigene Erfahrung, sodass das Matching in eine konstruktive und zielorientierte Richtung geht. Der wesentliche Bereich ist die Finanzierung. Einerseits stellen wir den Wettbewerbsteilnehmern über einen Kooperationspartner eine Software kostenlos zur Verfügung, mit der sie den finanziellen Teil des Businessplans leichter erstellen können. Dies ist schon einmal eine große Hilfe. Darüber hinaus sind Juroren oft selbst Venture-Capitals oder auch Business-Angels, die im Verlauf dieses Wettbewerbsprozesses miterleben, wie die Ideen wachsen.

Zweitens: Die Umsetzung von evaluierten Geschäftsideen durch Unternehmensgründungen nach der Businessplan-Konzeption. Das heißt: Wir starten meistens im »Jahr minus 1«, also noch vor der Existenzgründung, führen die Wettbewerbsteilnehmer durch die Ideas-, die Development- und die Excellence-Stage. Sieger erhalten Preisgelder in Höhe von anfangs 500, dann 4000 und dann sogar von 15 000 Euro. Es ist also durchaus auch eine pekuniäre Motivation da, am Wettbewerb teilzunehmen. Mit unserem Alumni-Netzwerk wollen wir unseren Teil zur nachhaltigen Entwicklung der Teilnehmer-Unternehmen beitragen und bieten proaktiv bis zum fünften Jahr nach Gründung unsere Unterstützung an. Alumnius zu sein bedeutet aber ebenfalls, dass es Unternehmer wie Herrn Dr. Stefener gibt, über den Sie ja in Ihrem Buch berichten, der auch heute, nach mehr als zehn Jahren noch Kontakt zu uns hält.

Drittens: Die Standortsicherung sowie die Schaffung neuer zukunftsorientierter Arbeitsplätze, was wir mit einem schlagkräftigen Partnernetzwerk umsetzen. Dies trägt nach über vierzehn Jahren MBPW Früchte beispielsweise in Form von mittlerweile fünf Innovationszentren im Bereich der Stadt München. Hier haben Start-up-Unternehmen die Chance auf eine aussichtsreiche Zukunft. Darüber hinaus bieten die Zentren Möglichkeiten zur Kommunikation in der eigenen Community, was oft zu zusätzlichen Synergien verhilft.

Mit diesen Münchener Technologiezentren wollen vor allem die kommunalen Einrichtungen und die Münchener Stadtwerke die Verortung junger Unternehmen unterstützen. Bei uns hier am Agnes-Pockels-Bogen sind derzeit rund 60 solcher Unternehmen ansässig; in Martinsried entsteht ja derzeit in Anlehnung an das Klinikum Großhadern ein riesiger Bereich für Start-ups aus den Lifesciences. Die ersten Jahre zeigen, dass das Angebot der Technologiezentren aufseiten der Start-ups eine Art generischen Prozess anstößt. Wenige gehen in die Insolvenz oder in die stille Liquidation, eine Vielzahl entwickelt sich gesund und expandiert irgendwann, sodass die begrenzten Räumlichkeiten in den Zentren zu klein werden. Eine »Wollstrumpf-Subkultur« hat sich bislang nicht eingeschlichen, obwohl die Mietverträge unbefristet sind.

Den Wettbewerb gibt es seit 1995, wie schaut denn Ihre eigene Bilanz aus?

Erfolgreich! Bis zum Jahr 2008 konnten mithilfe des MBPW 530 Unternehmen gegründet und finanziert werden. Das Erfolgreichste an dieser Story ist aber, dass wir auf eine »Überlebensquote« von 84 Prozent verweisen können und 4250 neue Arbeitsplätze entstanden sind. Das heißt, dass auf jeden erfolgreichen Gründer 8 dauerhaft geschaffene Arbeitsplätze entfallen! Über unsere Unterstützungsplattform wurden bis 2008 rund 554 000 000 Euro Preisgelder verteilt.

Nicht alle teilnehmenden Unternehmen kommen zwingend aus der Technologie beziehungsweise den Lifesciences – im Gegenteil: Die Maschinenbaubranche macht 7 Prozent des Alumni-Netzwerkes aus, die Elektronikbranche 5 Prozent, Chemie/Biologie und Lifesciences insgesamt 18 Prozent. Die weitaus größten Cluster bilden nicht technische Unternehmen mit 28 Prozent und Informations- und Kommunikationsunternehmen mit 42 Prozent.

Respekt. Das hört sich so an, als ob Sie sich sehr genaue Gedanken über die curriculare Gestaltung des Wettbewerbs gemacht hätten. Wie sieht das genau aus?

Ja, das stimmt. Auch hier hat sich ein Drei-Säulen-Konzept bewährt, welches aus den Bereichen Ausbildung, Anleitung und Kontakte besteht.

Zur Ausbildung: Wir können nicht davon ausgehen, es mit Alleskönnern zu tun zu haben, es ist eher umgekehrt. Im Idealfall kommen Teilnehmer zu uns, die sich bereits komplementär ergänzen, also beispielsweise ein Techniker mit einem Kaufmann und dazu noch ein Praktiker. Es kommen aber auch Leute her, die hier in einem ersten Schritt nach Partnerschaften für die Gründung suchen. Auch ihnen wird bei uns weitergeholfen. Zur Ausbildung gehören Seminare, Workshops und Crashkurse, die je nach Ebene (Ideas-, Development- und Excellence-Stage) angelegt sind.

Zur Anleitung: Wir sind als hausinterne Coaches vom MBPW jederzeit ansprechbar. Darüber hinaus haben wir als Kompendium unser Handbuch entwickelt, das die Teilnehmer für lediglich 12 Euro kaufen oder es sich kostenfrei aus dem Internet herunterladen können. Abgerundet wird dieser Service durch unsere Juroren, allesamt gestandene Personen aus der Wirtschaft, die den Entrepreneuren mit Rat und Tat zur Seite stehen. Bis auf diese fakultativen 12 Euro ist das gesamte Angebot kostenlos. Wo sonst gibt es so viel Unterstützung?

Die dritte Säule bildet unsere Netzwerke und Kontakte ab. Bei den Jours fixes haben die Wettbewerbsteilnehmer stets die Möglichkeit, Unternehmer, Vertreter größerer beziehungsweise großer Unternehmen und Investoren kennenzulernen und wiederzutreffen. Hierzu zähle ich in diesem Zusammenhang auch die Bankenvertreter und die Vertreter der IHK, die hinsichtlich der Förderungen sehr interessant sind. Mit Herrn Dr. Stefener haben Sie ja selbst jemanden gefunden, der bei uns einen für sein Unternehmen entscheidenden Venture-Capitalist kennengelernt hat. Ich persönlich glaube, dass nur derjenige Businessplan-Wettbewerb ein echtes Gütekriterium erfüllt, bei dem die Teilnehmer über Prämien hinaus vor allem Geldgeber finden, die ihnen das Überstehen von Seed- und Early-Stage-Phase ermöglichen.

Diesen letzten Gedanken aufnehmend: Können Sie uns abschließend vielleicht noch etwas mit auf den Weg geben, was die Begriffe Business-Angels und Venture-Capital greifbarer für die Leser macht?
Ja, sehr gerne. Zuerst einmal treffen sich bei uns alle Partner auf Augenhöhe. Denn die einen haben Geld, das sie gewinnbringend anlegen wollen, und die anderen sind diejenigen, die Ideen und Potenziale mitbringen, in welche die andere Gruppe möglicherweise investieren kann. Habgier hat da keinen Platz! Wohl aber das Interesse an einer erfolgreichen Unternehmensentwicklung. Diese kann sich völlig unterschiedlich gestalten, wie ich es Ihnen an der Gegenüberstellung zweier für Sie relevanter, gegensätzlicher Beispiele verdeutlichen möchte:

Für eine Softwareentwicklung ist meistens ein entsprechendes kurzfristiges Startkapital notwendig, das sich auf den unteren sechsstelligen Bereich nivellieren lässt. Hierfür interessieren sich in der Mehrzahl Business-Angels, denn die relativ schnelle Anfangsfinanzierung zählt in Monaten, nicht in Jahren. Aufgrund der Halbwertzeit der Innovation zählt die Patentschutzstrategie nicht nennenswert.

Im Gegensatz dazu nehme ich das typische Beispiel aus den Lifesciences. Bis Sie meinetwegen für ein Medikament alle notwendigen Phasen durchlaufen und die entsprechenden Zulassungen haben, dauert es häufig über zehn Jahre.

Nehmen wir ein konkretes Beispiel: Die Firma Wilex von Herrn Prof. Dr. Olaf G. Wilhelm hat 1997 den ersten Platz bei unserem Wettbewerb belegt. Das Unternehmen hat das Ziel, Arzneimittel zur gezielten und nebenwirkungsarmen Behandlung sowie Diagnostika zur hochspezifischen Erkennung verschiedener Krebsarten zu entwickeln.

Zwischen 1998 und 2000 hat das Unternehmen drei Finanzierungsrunden durchlaufen (3 bis 4,5 bis 30 Millionen Euro). 2004 wurden
dann in einer vierten Runde abermals 30 Millionen Euro benötigt. Vor
drei Jahren (2006) kam es zum erfolgreichen Börsengang des Unternehmens, das mittlerweile 67 Mitarbeiter zählt.

Venture-Capital hat, das wird an diesem Beispiel deutlich, vieles
mit der »Glaubensebene« seitens des Investors zu tun, da lange Zeit
nur indirekte Meilensteine Grundlage der Bewertung des Investments
sind. Dieser Glaube ist an drei Hauptkriterien geknüpft: ein sehr gutes
Team, das prototypisch bereits Erfolg nachgewiesen hat, eine dem
Produkt entsprechende Patentstrategie und eine charismatische Führungsperson.

5.2 Dr. Ute Günther und Dr. Roland Kirchhof, Co-Präsidenten des Business Angels Netzwerks Deutschland e. V. (BAND)

Wie kam es 1998 zur Gründung des BAND?

Das BAND wurde institutionell motiviert als Top-down-Einrichtung
gegründet. Es sollte damals ein Netzwerk der Netzwerke entstehen. Zu
der Zeit gab es regionale Netzwerke wie unsere Business Angels Agentur
Ruhr e. V, die BAAR. Ein Umdenken in der Politik, das circa 1990 einsetzte, führte gemeinsam mit einer Defizitanalyse der Sparkassen dazu,
einen wesentlichen Schwachpunkt in der Unterstützung von jungen
Unternehmen in der Frühphasenfinanzierung zu lokalisieren. Das bedeutet: Es gab damals keine Finanzierungsalternativen, wenn es beispielsweise noch kein serienfähiges Produkt gab oder die Firmengründung noch nicht stattgefunden hatte. Es kam nicht von ungefähr, dass

1998 mit Peter Jung als erster Vorstand jemand ausgewählt worden war, der sich mit Frühphasenfinanzierungen durch seine geschäftlichen Aktivitäten in den Vereinigten Staaten auskannte. Einen weiteren Fehler sah man damals gerade auf Bankenseite im vergleichsweise hohen Betreuungsaufwand für junge Unternehmen. Deswegen war das Engagement bei Banken sowie Venture-Capital-Gebern kaum vorhanden.

Beide Aspekte, die Frühphasenfinanzierung und die Begleitung durch aktive Unterstützung und Mitgestaltung bei der strategischen Unternehmensführung führten zur Institutionalisierung des BAND. Am Rande sei noch bemerkt, dass wir ein Dachverband mit circa 40 regionalen Verbänden sind, die darüber hinaus keine direkten Mitglieder haben.

Das Thema Technologie ist seit den 1990er-Jahren mit seinen schnellen Wachstumspotenzialen als Oberthema gesetzt. Es gibt jedoch auch eine hohe Anzahl an Dienstleistungsunternehmen.

Was konnte seit Gründung des BAND erreicht werden?
Durch die Etablierung diverser Businessplan-Wettbewerbe und ein mittlerweile gut funktionierendes institutionsübergreifendes Netzwerk konnten Standards der einzelnen Businesspläne, aber auch die darin formulierten Geschäftsstrategien deutlich verbessert werden. Ich gebe Ihnen hierzu drei Beispiele:

— Es konnten flächendeckende Förderstrukturen implementiert werden.
— Der Einzelgründer ist klar auf dem Rückzug, demgegenüber sind Kompetenzteams, die sich synergetisch ergänzen, auf dem Vormarsch.
— Das unterstützende, qualifizierte Umfeld, beispielsweise Anwälte, die sich in Firmengründungen auskennen oder auch spezielle Unternehmensberater, hat sich ausgeweitet.

Wie kommt das BAND an Kapitalgeber?

Man kann Business-Angels sicherlich anhand einiger klarer Merkmale kennzeichnen. So kann – selbstverständlich sehr grob und pauschaliert dargestellt – gesagt werden, dass es sich bei Business-Angels vornehmlich um Herren handelt, die wiederum im Mittel zwischen 49 und 52 Jahre alt sind. Sie sind motiviert, eher in der unmittelbaren und mittelbaren Region zu investieren, weil sie neben der Kapitalstellung ja auch persönlich bei der strategischen Unternehmensführung intervenieren wollen. Denn es geht ihnen neben der Vergabe von Wagniskapital um die Weitergabe des eigenen Know-hows. Business-Angels werden – wie diverse Befragungen ergaben – vor allem vom Gewinninteresse geleitet, das bei den Entrepreneuren aber mit einer Art »Spaßfaktor« kombiniert ist. Denn meistens steigen Business-Angels nach der Wertsteigerung der Unternehmen zu einem für sie optimalen Zeitpunkt wieder aus und wenden sich neuen, jüngeren Unternehmen zu. Eine dritte Gruppe von Business-Angels sind diejenigen Unternehmer, die die Nase im Wind haben, um neue Themen in ihr eigenes Produktportfolio zu integrieren.

Business-Angels lassen sich häufig dann in regionalen Netzwerken listen, wenn ihre eigenen Unternehmen eine Größe und einen Entwicklungsstand erreicht haben, die zum Verkauf animieren. Spätestens dann kommt es jedoch zu einer Sinnfrage, die sie zu unseren regionalen Netzwerken führt. Das heißt: Die Business-Angels kommen auf unsere Verbände zu, nicht umgekehrt. Ist jemand dann im Verteiler, werden Erstinformationen potenziell geeigneter Kandidaten über die regionalen Verbände oder das BAND an die Business-Angels weitergeleitet.

Das hört sich nach einem standardisierten Auswahlverfahren an. Wie sieht das aus?

Es gibt generell zwei Phasen: eine Screening- und eine sogenannte Matching-Phase. Während der Screening-Phase erhalten wir von den

Jungunternehmern oder den Gründungswilligen einen sogenannten »One-Pager« oder Exposé. Damit ersparen sich die Interessenten keineswegs ihren Businessplan. Vielmehr geht es darum, in Kürze folgende Aspekte prägnant darzustellen:

— Geschäftsidee,
— Team,
— Alleinstellungsmerkmal(e),
— Patentlage,
— Kapitalbedarf und
— Beratungsbedarf.

Wichtig ist, dass der Unternehmer es einerseits schafft, das Interesse der Business-Angels zu wecken, und andererseits ausreichende Gewinnerwartungen in Aussicht stellt. Die Auswahl des Teams und die prognostizierten Marktchancen sind darüber hinaus wichtige Faktoren beim Screening.

Unser diesbezüglicher Benchmark-Award hat übrigens ergeben, dass es in unserem Hause sehr wenige Screening-Fehler gibt. Die Screenings werden durch Leute wie uns, also Mitarbeiter der Business-Angels-Verbände oder auch durch akkreditierte Coachs durchgeführt.

Hat jemand diese erste Phase überstanden, geht es in die Matching-Phase. Hier stellen die Bewerber ihre Konzepte vor – meist als PowerPoint-Vorführung. Mittlerweile sind diejenigen, die diese technischen Manuale und das Präsentieren nicht beherrschen, zur Seltenheit geworden.

Bei dieser Präsentation, die im Regelfall ungefähr zehn Minuten dauert, ist vor allem wichtig, dass die Bewerber ihre Inhalte verständlich, am besten bildhaft darstellen können. Die Kunst ist es, komplexe Sachverhalte mitreißend und motivierend vorzustellen – denn Business-Angels wollen schließlich verstehen, in was sie investieren sollen.

Welche Kriterien legen die Business-Angels und Sie beim Screening eines noch nicht am Markt eingeführten Produkts (zum Beispiel eines eingereichten Patents) an?

Die Bewertung erfolgt aus der Erfahrung heraus, jedoch eingebettet in die konjunkturelle Gesamtlage. Bei der Frühphasenfinanzierung handelt es sich ja schließlich um eine Risikokapitalanlage, in die die Business-Angels investieren. Und dabei gilt, was allgemein auch feststellbar ist: In konjunkturellen Hochphasen wird tendenziell weniger kritisch agiert als in eher rezessiven Phasen. Diesbezüglich kann man beim Engagement der Business-Angels in den vergangenen zehn Jahren auch nicht von einer linearen Entwicklung sprechen.

Das wesentliche Kriterium für eine Investition ist wohl, ob in absehbarer Zeit der Verkauf der eigenen Anteile mit entsprechendem Gewinn zu erwarten ist. Daher müssen bei den Bewerbern zum Zeitpunkt der Einreichung des One-Pagers sehr präzise Vorstellungen darüber vorhanden sein. Ansonsten sind die Kriterien bei den Business-Angels eher individuell.

Business-Angels und Venture-Capital-Geber sind im deutschsprachigen Raum weit weniger etabliert als im anglo-amerikanischen Raum. Wo sehen Sie Gründe hierfür?

Hier sollte man zwischen Amerika und Großbritannien unterscheiden. In den USA gibt es noch die Pionierkultur, selbst wenn diese hier und da überschätzt wird. Deshalb geht man dort auch anders mit dem Scheitern eines Unternehmers um: Im Regelfall hat dort jeder ein Recht auf eine rasche zweite Chance, während Sie in Deutschland nach einer Insolvenz 7 Jahre lang keinen Kredit bekommen. Allein dadurch hat man deutliche Nachteile, von sozialer Stigmatisierung ganz zu schweigen.

In Großbritannien ist die Lage wieder anders. Dies möchte ich am Beispiel der Steuergesetzgebung exemplarisch darstellen: Wenn Sie als

Business-Angel mit dem Unternehmen, in das investiert wurde, Verluste machen, übernimmt der Staat einen Teil dieser Defizite. Zudem gibt es noch einen »Role-over«, das bedeutet, Sie bleiben steuerbegünstigt, wenn Sie in ein anderes Unternehmen investieren. Selbst im Falle der Veräußerung aller Engagements bleiben Ihnen steuerliche Vorteile.

»Deutschland – Land der Ideen« lautet ein plakativer Slogan der Bundesregierung. Wie kann das BAND diesbezügliche Impulse geben?
Der informelle Kapitalbeteiligungsmarkt kann zentral in der unternehmerischen Frühphase unterstützen. BAND hat innerhalb Deutschlands dieses Alleinstellungsmerkmal – auch und gerade gegenüber den Banken. Strukturell gibt es hierzu keine Alternative. Daher ist der weitere Ausbau dieses Frühphasenfinanzierungssystems ratsam, das mit dem Einbringen unternehmerischer Erfahrung und entsprechenden Wissens seitens des Business-Angels eine echte Qualitätssteigerung des Gründernetzwerkes darstellt.

5.3 Dr. Wolfgang Christl, Technologie- und Innovationsberater der Handwerkskammer München

Wofür gibt es eine Handwerkskammer, was macht diese?
Ganz allgemein ausgedrückt kümmern wir uns um die drei Themen Beratung, Bildung und Interessenvertretung. Hinsichtlich des Bereichs Beratung haben wir – für die Leser Ihres Buches sicherlich auch interessant – seit Langem ein Existenzgründerberatungszentrum, in dem sehr individuell auf die Fragen potenzieller Gründer eingegangen wird. Wenn jemand mitteilt oder einer unserer Berater festgestellt, dass im

Gründungskontext eine technische Innovation Grundlage des Geschäftes ist, so werden die Gründungswilligen automatisch zu einem der Innovationspartner innerhalb der Handwerkskammern vermittelt.

Neben der Beratung, die in meinem Kontext sehr wichtig ist, verfügen wir über ein lukratives und breit gefächertes Angebotsportfolio auf dem Gebiet der Aus- und Weiterbildung. Auch hier gibt es speziell auf Existenzgründer und Gründungswillige zugeschnittene Angebote. Aus- und Weiterbildung bedeutet ebenfalls, dass wir vom Freistaat Bayern übertragene Prüfungen, wie zum Beispiel die zum Meister oder Gesellen, durchführen.

Die Interessenvertretung ist von politischer Relevanz. Wir vertreten im Namen aller 70 000 Mitgliedsbetriebe unseres Verantwortungsbereichs mit seinen insgesamt 290 000 Beschäftigten die Anliegen aller Handwerker in Politik und Öffentlichkeit.

Wie läuft eine Beratung bei Ihnen allgemein und konkret ab?

Da ist an erster Stelle die monatlich stattfindende, kostenlose Erfinderberatung zu nennen. Die jeweils aktuellen Termine findet man auf den Internetseiten aller Handwerkskammern sowie der Industrie- und Handelskammern. Die Anmeldung zu diesen Beratungen muss telefonisch oder per E-Mail erfolgen. Gut wäre es, wenn wir zu diesem Zeitpunkt bereits einen One-Pager erhalten, um uns optimal auf den konkreten Beratungsfall vorzubereiten. Wir informieren bei diesen Beratungen allgemein über die Möglichkeiten der kommerziellen Nutzung von Ideen und vor allem über die relevanten Förderprogramme. Darüber hinaus gehen wir gerne so weit wie möglich auf Detailfragen des Besuchers ein.

Wie geht es dann weiter?

Hier sind wir nun bei der zweiten Säule unserer Beratungsleistung, der Machbarkeits- und Potenzialanalyse: Die meisten Ideeninhaber befinden sich kurz vor der heißen Phase ihrer Patent-, Marken- oder Gebrauchsmusteranmeldung und benötigen neben der juristischen Beratung über den formalen Weg der Anmeldung nun Hinweise auf öffentliche Gelder, die sie bei der Entwicklung ihres Prototyps oder der Nullserie generieren können. Dafür ist ein zweiter, ebenfalls kostenfreier Termin notwendig. Dieser Schritt wird als »KMU-Patentaktion« finanziell vom Bundesministerium für Wirtschaft und Technologie getragen. Wir sind gemeinsam mit vielen Partnern in der gesamten Bundesrepublik Partner des SIGNO-Projektmanagements mit Sitz in Köln, welches die Gesamtkoordination im Auftrag des Ministeriums abwickelt.

Im Zentrum dieses zweiten Schritts steht eine Machbarkeitsstudie. Das heißt, dass zu den beiden Kriterien Recherche und Kosten-Nutzen-Rechnung detaillierte Ergebnisse erarbeitet werden. Nur auf dieser Grundlage ist es den Ideeninhabern möglich, an weitere öffentliche Förderungen zu kommen.

Und wie kommt der Ideenanmelder in seiner Seed-Phase nun an erste Gelder?

Das Bayerische Wirtschaftsministerium bietet Kleinunternehmern und Existenzgründern beispielsweise einen Innovationsgutschein, um die Unternehmer oder Gründer bei der Planung, Entwicklung und Umsetzung neuer Produkte, Produktionsverfahren oder auch Dienstleistungen zu unterstützen. Auch soll bei konkreten planerischen Entwicklungsschritten die aus Sicht der Staatsregierung notwendige und hilfreiche Kooperation mit anerkannten Forschungseinrichtungen forciert werden, was gerade für unsere handwerklichen Betriebe oft einträglich ist.

Das Förderungslimit liegt bei 50 Prozent der Ausgaben, die maximale Fördersumme beträgt 7500 Euro. Damit kommt man bei der Produktion eines Prototyps meist schon ein Stück weiter. Allerdings werden über den Innovationsgutschein klassische Unternehmensberatungs-dienstleistungen nicht subventioniert, ebenso wenig wie die Anschaffung von Maschinen oder Software. Genauere Informationen finden Interessenten im Internet unter www.innovationsgutschein-bayern.de. In den anderen Bundesländern gibt es ähnliche Förderhilfen.

Na ja, 50 Prozent beziehungsweise maximal 7500 Euro, das scheint ja nun nicht so viel zu sein ...

Das ist zugegeben richtig. Aber zum einen ist es geschenktes Geld, das nicht zurückgezahlt werden muss. Zum anderen ist es eben ein Zuschuss in der Seed-Phase, also einem sehr frühen Stadium einer Idee oder eines Unternehmens.

Eine weitere Fördermöglichkeit von öffentlicher Seite ist das Zentrale Innovationsprogramm Mittelstand, kurz ZIM. Dieses bundesweite Programm des Bundeswirtschaftsministeriums soll die Innovationskraft des Mittelstandes unterstützen und ist in drei Teilbereiche untergliedert: die Fördermodule »Kooperationsprojekte«, »Einzelprojekte« und »Netzwerkprojekte«. Beim ZIM ist die Bundesregierung durchaus bereit, mehr Geld in die Hand zu nehmen. Auf die Fördermodule einzeln einzugehen, ist sicherlich an dieser Stelle zu komplex. Unter www.zim-bmwi.de erfahren Interessierte jedoch mehr über die Fördermöglichkeiten.

In der Phase nach der Unternehmensgründung stehen wir den Entrepreneuren weiterhin als Ansprechpartner zur Verfügung, zum Beispiel durch Formulierungshilfen bei der Antragstellung oder auch als Matching-Partner in Gesprächen.

Okay, das waren die beiden Säulen Machbarkeits- und Potenzialanalyse und öffentliche Förderungen beziehungsweise Unterstützung bei der Suche nach F&E-Partnern, die bei der Erstellung von Prototypen helfen. Was ist die dritte Säule?

Allein die Handwerksammer München und Oberbayern hat über 70 000 Mitgliedsbetriebe. Meine Tätigkeit bringt es mit sich, dass ich einen sehr guten regionalen Einblick in die handwerkliche Innovationsszene habe. Denn gerade über diese Netzwerke verfügen junge Unternehmer und diejenigen, die es noch werden wollen, meist nicht. Daher unterstützen wir sie beim Aufbau von Netzwerken.

Das kann in verschiedenste Richtungen gehen, wie zum Beispiel gemeinsam einen Lizenznehmer zu finden und dann bei den Verhandlungen beratend tätig zu sein. Auch ist es möglich, Kontakte zu Unternehmen zu vermitteln, die branchennah bei der Markteinführung einer Idee helfen. Denn für den Vertrieb eines neuen Produkts sind oft spezielle Marktkenntnisse nötig, über die Entrepreneure noch nicht verfügen.

Herr Christl, Ihr abschließender Kommentar und Tipp für unsere Leser.

Ich bin der Meinung, dass den Innovatoren im Vergleich zu früher ein kompaktes und gutes Paket zur Verfügung steht. Das betrifft zum einen das Informations- und Netzwerksystem, in dem wir als Handwerkskammer jederzeit gerne unseren Teil beitragen. Hinzu kommen die Finanzierungsmöglichkeiten, im Freistaat Bayern beispielsweise vom Venture-Capital-Unternehmen Bayern Kapital GmbH, um in der Seed-Phase mit bis zu 500 000 Euro in eine Idee einzusteigen.

Letztlich liegt es aber immer am Gründungswilligen und daran, wie er die vorhandenen zahlreichen Informationsangebote von Handwerks-, Wirtschaftskammern, Ministerien, Banken und privaten Mittelgebern wie Venture-Capitals nutzt.

Mein Tipp: Der schwierigste Teil ist der Übergang von der Start-up zur Early-Stage-Phase. Dieser sollte möglichst früh finanziell abgesichert sein, da hier die meisten Pleiten vorkommen.

5.4 Thomas Fürst, Leiter des Existenzgründer-
zentrums der Stadtsparkasse München

Wie lange sind Sie bereits im Start-up-Management? Welche persönlichen Motive hatten und haben Sie?

Ich bin seit 1992 im Existenzgründungsteam der Stadtsparkasse München. Zu der Zeit wurde das Gründerzentrum als individueller und kundenorientierter Ansatz unseres Hauses neu strukturiert. Ich hatte das Gefühl, hier meine BWL-Kenntnisse optimal und praxisnah einbringen zu können. Zudem war und ist diese Tätigkeit alles andere als ein Routinejob. Ich sah es als besondere persönliche Herausforderung an, individuelle Beratung für Existenzgründer geben zu können.

Was war Auslöser für das seinerzeitige Engagement Ihres Hauses?

Die Sparkassen verstehen sich in erster Linie als regionaler direkter Ansprechpartner aller Kunden, also der Privat- und Geschäftskunden. Seinerzeit begann die Diversifizierung der Märkte, sie wurden komplexer und differenter. Auf Geschäftskunden, wie besonders die Existenzgründer, hatte das zweierlei Auswirkungen: Zum einen wurde es schwieriger, eine konkrete ökonomische Nische zu finden, in der nachhaltiges und zugleich erfolgreiches Wirtschaften möglich ist. Zum anderen wurden die öffentlichen Finanzierungshilfen immer komplexer, sodass Unterstützung in Richtung Know-how-Transfer und Netzwerke erforderlich wurden, die den Existenzgründern helfen konnten, sich hier zu orientieren.

Wo sehen Sie Chancen und limitierende Faktoren für Ihr Haus bei dem relativ ausgeprägten Engagement im Start-up-Marktsegment?

Grundsätzlich gilt: Wenn die Begleitung von Existenzgründungen keinen operativen Gewinn für unser Haus brächte, würden wir dieses Geschäft nicht machen. Darüber hinaus – und dies ist sicherlich für uns genauso wichtig – sehen wir die Möglichkeit, der regionalen Wirtschaftsstruktur Impulse zu geben, von denen wir der Auffassung sind, sie passen in die regionale Wirtschaftslandschaft. Es geht um ein »gutes«, also sowohl effektives als auch effizientes Firmenkundengeschäft und die Förderung des eigenen Wirtschaftsraums. Darüber hinaus sehen wir die Chance, unser eigenes Haus mit Jungunternehmern zu versorgen und diese langfristig als Partner an die Sparkassen zu binden.

Risiken oder limitierende Faktoren sehe ich in der möglichen falschen Potenzialbewertung der Gründer. Es geht darum, die Wahrscheinlichkeit einer Insolvenz durch eine optimale Beratung und durch ein entsprechend gut abgefedertes Netzwerk nachhaltig zu reduzieren. Was insbesondere Patentanmelder & Co. betrifft, so ist ein weiterer limitierender Faktor die zeitnahe Kreditrückführung, zu der wir als Flächenbank den Sparern gegenüber verpflichtet sind. So muss beispielsweise eine patentgeschützte Innovation sehr nah vor der Markteinführung sein, wenn wir uns engagieren. Ein Prototyp beziehungsweise eine Nullserie muss bereits vorhanden sein. Hier unterscheiden wir uns sicherlich zentral von Beteiligungsgebern, die ein anderes Modell mit kaum vergleichbaren Zielen verfolgen.

Nach welchen Kriterien beurteilen Sie einen Businessplan?
Ein diskussionsfähiger Geschäftsplan ist die Basis, auf der wir in die Verhandlungen einsteigen. Er ist die wichtigste Voraussetzung für die Vergabe eines Kredites. Der Businessplan dient uns zur Orientierung und hilft über eine beträchtliche Zeit dem Gründer als wegweisendes Strategiepapier. Über die einzelnen Bausteine hierzu finden Interessierte Informationen auf zahlreichen Websites, so auch auf unserer. Darüber hinaus gibt es auch eine hohe Anzahl von Veröffentlichungen in der Fachliteratur mit vielen Tipps zum Thema.

Parallel zu den von allen Existenzgründern vorgelegten Marktzahlen ist es unsere Aufgabe, eigene Daten über den gedachten Zielmarkt der Antragsteller zu generieren. Bei denjenigen, die beispielsweise eine Geschäftsübernahme planen, lassen wir uns die Vergangenheitszahlen des bereits bestehenden Unternehmens vorlegen und beurteilen darüber hinaus die Wachstumschancen des Marktes. Bei Gründern müssen wir uns auf Prognosedaten verlassen. Für diese Beurteilung holen wir dann unter anderem – gerade was Patente betrifft – Gutachten ein, die uns relativ verlässliche Aussagen über die Marktchancen des unternehmerischen Kernprodukts geben.

Gerade bei Existenzgründern mit sehr speziellem Wissen ist darüber hinaus wichtig, dass die kaufmännische Kompetenz glaubhaft gemacht wird. Firmendoppelspitzen mit einem Wissenschaftler/Forscher und einer kaufmännischen Führungskraft haben sich in der Vergangenheit als besonders erfolgreich erwiesen. Es gibt demgegenüber nur wenige Beispiele dafür, dass ein Erfinder tatsächlich alle Bereiche kaufmännischen Denkens und Handelns abdecken konnte.

Neben diesen eher formalen Kriterien gilt aber vor allem eines: Das erste Kontaktgespräch ist zugleich das erste Kundengespräch der Gründer. Hier muss auf unserer Seite Vertrauen entstehen, was auf der Hand liegt: Denn Kredit kommt vom lateinischen »credere« (vertrauen) – und wir vertrauen bei einer Kapitalvergabe das Geld von Sparern und Kleinanlegern den Gründern an und leisten somit einen Vertrauensvorschuss.

Hat sich das Engagement Ihres Hauses bezüglich der Beurteilungskriterien von Businessplänen gewandelt?

Die Kriterien haben sich nicht geändert, sehr wohl aber unsere Beratungsstruktur und -kultur. Genau deshalb wurde 1992 das Existenzgründungszentrum eingerichtet. Es ist die zentrale Erfassungsstelle, um einheitliche Bewertungskriterien zu haben und die Synergien kooperierender Partner in Sachen Existenzgründungen optimal anbieten zu können.

Uns kommt bei der Existenzgründung lediglich der Schwerpunkt der Kapitaldienstleistungen zu, daher arbeiten wir beispielsweise im Netzwerk mit den Industrie- und Handelskammern und den Betriebsberatern der Handwerkskammern. Diese helfen aktiv bei der Optimierung der Businesspläne und bieten eine Vielzahl von vertiefenden Seminaren und Kursen für Gründer an. Der uns letztendlich vorgelegte und erarbeitete Plan beinhaltet dann – sicherlich klarer als vor 20, 25 Jahren – beurteilungsfähige Parameter hinsichtlich unserer Kriterien für die Kreditvergabe.

Welche Bedeutung hat für Sie bei der Kreditvergabe speziell der Faktor Intellectual Property (IP)?

Allein die Tatsache, dass jemand ein Patent auf einen Prozess oder ein Produkt hat, ist kein hinreichendes Kriterium für eine Kreditvergabe. Was wir von seiner wirtschaftlichen Durchschlagskraft her nicht einschätzen können, unterstützen wir nicht in Kreditform. Wie bereits erwähnt, sollte, wenn sich jemand an unser Existenzgründungszentrum wendet, ein Prototyp oder eine Nullserie vorhanden sein. Somit muss für uns nachvollziehbar sein: Ein schneller Markteintritt ist gesichert, somit auch ein sofortiger Kapitaldienst.

Kommt jemand zu uns, der einen authentischen Eindruck gemacht hat, helfen wir gerne weiter. Diesbezüglich haben wir beste Kontakte zur Bayern Kapital GmbH, einer Venture-Capital-Gesellschaft. Es ist mir jedoch wichtig, herauszustellen, dass diese Weitervermittlung nicht unbedingt selbstverständlich ist. Damit zeigen wir, dass wir auch abseits von direkter Gewinnerwartung daran interessiert sind, Intellectual Property in der Region zu halten. Wir verfügen über ein regionales Netzwerk an seriösen Beteiligungsgesellschaften und privaten Kapitalgebern, auf die wir in solchen Fällen verweisen. Auch bestehen gute und intensive Kontakte zu Anlaufstellen auf Bundes- und Landes-ebene, zu denen wir gerne weiterleiten.

Welche persönlichen Kriterien legen Sie bei der Bewertung eines noch nicht markteingeführten Produkts (zum Beispiel eines eingereichten Patents) an?

Wir unterscheiden zwei Gründertypen: Den »Daniel-Düsentrieb-Erfinder«, der weitgehend am Bedarf des Zielmarkts vorbei entwickelt und dessen Erfindungen einem Selbstzweck dienen. Diese Leute forschen, um den eigenen Wissensdurst zu befriedigen. Das ernsthafte Bemühen, im Vertrieb voranzukommen, ist hier meistens nicht erkennbar.

Der gute Gründer ist am Markt schon mit Neben- oder Vorprodukten aktiv und bedient potenzielle Kunden seines Zielkorridors auf diese Art möglicherweise bereits. So nehmen diese Gründer sehr frühzeitig Innenfinanzierungspotenziale wahr: Ein Patent betrachtet diese Gruppe als handwerkliche Arbeit, die sich alsbald selbst finanzieren muss und so weitere Forschungsarbeit ermöglicht. Diese Erfinder sehen im Businessplan nunmehr eine kurze Forschungsphase vor, der eine lange Umsetzungsphase folgt.

Wie beurteilt Ihr Haus beispielsweise ein Patent hinsichtlich der Marktgängigkeit?

Für uns ist bei der Kreditvergabe entscheidend, wo das Patent steht. Wie bereits erwähnt, sind für uns die alsbaldige Kapitalrückführung, der Businessplan und die Gründerpersönlichkeit entscheidende Kriterien.

Für Patente lassen wir Gutachten unabhängiger Kapazitäten erstellen, die sie vor allem unter den Aspekten »technische Realisierbarkeit« und »Marktfähigkeit« einer Bewertung unterziehen. Sonstige Informationen von dritter Seite wie zum Beispiel Markt- und Literaturrecherchen gelten als weitere Indizien. Dies trägt zum Votum des

Existenzgründungszentrums bei, entscheidend ist jedoch unsere Einstellung zu Person und Gründungsidee.

»Deutschland – Land der Ideen« heißt eine bekannte Kampagne der Bundesregierung. Wie setzt Ihre Bank diesbezügliche Impulse um?
Wenn man die zurückliegende Zeit betrachtet, in der ich im Existenzgründungzentrum arbeite, haben wir bereits viel erreicht. Der wohl wesentliche Punkt hinsichtlich der Innovationen ist, dass, wenn wir selbst nicht direkt weiterhelfen können, ein Netzwerk an seriösen Partnern vorhanden ist, das beispielsweise ein Patent im frühen Stadium finanzieren kann. Gründer mit Intellectual Property lassen wir somit nicht sprichwörtlich im Regen stehen, sondern helfen im Rahmen unserer Möglichkeiten weiter.

Darüber hinaus sind wir ebenfalls proaktiv tätig – dies betrifft zum Beispiel unser Engagement an den Universitäten und Fachhochschulen. Hier halten wir Vorträge und bieten Workshops an mit dem Ziel, kaufmännisches Gründungs-Know-how an Studierende und wissenschaftliche Mitarbeiter heranzutragen.

Um Existenzgründungen im öffentlichen Bewusstsein zu verankern, sind wir schließlich auch schon seit mehr als 10 Jahren am Deutschen Gründerpreis beteiligt, der sich eines zunehmenden medialen Interesses erfreut. Drei deutsche Gründerpreise und mindestens genauso viele bayerische, dazu viele Zweit- und Drittplazierte zeigen uns, dass dieses Engagement auf hohem Niveau sich gelohnt hat und wir Deutschland als Land der Innovationen, aber auch als Land des Mittelstands aktiv und nachweisbar erfolgreich unterstützen.

5.5   Dr. Manfred Stefener, Gründer der Smart Fuel Cell (SFC), München

Berichten Sie uns von der Zeit vor der Gründung Ihrer ersten Firma Smart Fuel Cell (SFC). Was war kennzeichnend?

Kennzeichnend war vor allem die Verbindung meiner wissenschaftlichen Arbeit, in dem Fall war es meine Dissertation, mit dem zunehmend wichtiger werdenden Thema der wirtschaftlichen Verwertung. Meine Doktorarbeit, von 1997 bis 2000 erstellt, fiel eben genau in den Zeitraum des technischen Booms. Hier gab es eine ganze Reihe von Ankündigungen technischer Innovationen. Der Druck, der zu diesem Innovationsschub führte, kam übrigens aus dem Drittmittelbereich der öffentlichen Forschungsfinanzierung, der damals unter der Fragestellung »Was kostet lohnenswerte Innovation« zustande kam.

Meine wissenschaftliche Karriere habe ich in Duisburg begonnen, wo mein Doktorvater sich damals bereits mit Mikrobrennstoffzellen befasste. Da man in München derselben Frage nachging und sich zudem mit Methanol als Basis befasste, wechselte ich zur TU München. Für mich stand damals bereits die Frage im Vordergrund, wie man möglichst kleine Brennstoffzellen herstellen kann. Ziel meiner wissenschaftlichen Arbeit war somit der Nachweis eines kleinen, funktionierenden, modularen – also austauschbaren – Energiesystems.

Noch einmal zurück zum Boom, der damals Geldgeber und Gründer erfasste: Auf den Fluren, während der Pausengespräche und bei vielen anderen Gelegenheiten war Existenzgründung mit Intellectual Property ein häufiges Thema. Viele Leute sprachen damals davon, ihre Ideen, die sie akademisch verfolgten, auch als Businessgründung ökonomisch nutzen zu wollen. Das war damals, bis zum Platzen der Dotcom-Blase, recht einfach. Kapital war vorhanden, auch Private Equitys und Venture-Capitalists, die investitionsbereit waren. Damals gab es an der TU München auch viele Leute, die direkten Kontakt zu diesen Geldgeberkreisen hatten.

Insofern war es ein Stück weit auch mein Arbeitsumfeld, welches mich beeinflusste, beim Münchener Business Plan Wettbewerb mitzumachen. Der wiederum war dann letztendlich entscheidend für die Gründung der Firma SFC.

Ihre Teilnahme am Münchener Business Plan Wettbewerb war somit unter anderem auf ihre damalige Arbeitsumgebung zurückzuführen. Was geschah, nachdem Sie sich entschieden hatten, teilzunehmen?
In den Ingenieurwissenschaften ist es für einen Doktoranden wichtig, die gesamte Literatur im Umfeld der eigenen wissenschaftlichen Forschungsarbeit zu kennen. Hierzu gehört natürlich auch Patentliteratur. Dabei stellt sich relativ schnell heraus, ob der eigene Forschungsansatz die weltweit relevanten Entwicklungen erfasst hat.

Meine Recherchen ergaben zu meinem großen Erstaunen, dass es im Bereich meiner Forschungsaktivitäten keine Patente gab! So wurden die Bestrebungen konkreter, neben der Doktorarbeit aus meiner wissenschaftlichen Arbeit heraus eine Geschäftsidee zu entwickeln.

Es war anfangs vor allem meine wissenschaftliche Neugierde und Ungeduld, was generell heißt:»Ich möchte wissen, was dahintersteckt.« So kam es, dass ich es nicht bei der Literaturrecherche beließ. Ich rief oft direkt bei den Personen an, ob es nun Autoren aus der Patentliteratur waren oder Teilnehmer an Konferenzen wie wissenschaftlichen Symposien. Bezogen auf die ökonomische Seite bedeutete dieser Wesenszug, dass ich die mit dem Businessplan verbundenen Jours fixes auf zweierlei Art nutzte: Zum einen war da die Neugierde, sich an die Nomenklatur der Wirtschaft heranzuarbeiten, da ich mich anfänglich ein wenig unsicher fühlte, wenn ich Venture-Capitalists oder Vertreter von Private-Equity-Gesellschaften bei diesen Treffen persönlich gegenüberstand. Das Verständnis für das, was die Leute wirklich von mir

wissen wollten – und vor allem, wie ich meine Ideen diesem Personen-
kreis verständlich machen konnte – wuchs dann recht schnell.

Zum anderen führten mich diese Jours fixes tatsächlich mit Betei-
ligungskapitalgebern zusammen und halfen beim Aufbau von Kontakten. So kam beispielsweise der Kontakt zu dem wesentlichen Partner und Förderer meiner Idee auch dort zustande – und besteht noch
heute. Hier ist aus einer strategischen Partnerschaft eine Freundschaft
entstanden.

Die Erarbeitung des Businessplans möchte ich als intensives Lehr-
jahr mit vielen Lerneffekten bezeichnen. Der Plan baute sich auf drei
Säulen auf: erstens der Darstellung der Technologie, zweitens einer
gezielten Analyse des bestehenden Markts und drittens aus einem Fi-
nanzierungskonzept.

Der Lerneffekt bestand darin, strukturiert und selbstständig zu
arbeiten, dazu mit einer durch ein Terminkorsett vorgegebenen Disziplin vorzugehen. Die Marktsituation umfassend und überzeugend
darzustellen fiel mir aufgrund meiner Literaturrecherche für die Doktorarbeit leicht. Nicht völlig neu, aber ungewohnt war es, Personen-
kreise an die Technologie heranzuführen, die andere Kriterien bei der
Bewertung von Intellectual Property anlegten als ich. Insofern galt es
nicht nur, die Nomenklatur zu erlernen, sondern auch die ökonomischen Aspekte des Marktes realistisch einzuschätzen.

**Patente haben seit Ihrer Gründung und bis zum heutigen Tag eine
wichtige strategische Funktion inne. Würden Sie uns dazu etwas
sagen?**

Bereits in einer sehr frühen Phase des Münchener Business Plan Wettbewerbs habe ich erkannt, dass Patentschutz eine hohe Wertigkeit hat,
gerade was Investoren betrifft. Ein Patent ist der Nachweis einer Allein-
stellung und bedeutet dann in der Umsetzung *freedom to operate*. Für
mich bedeutete das damals Folgendes: Da der Gegenstand meiner For-

schungsarbeit zur Dissertation führte, war die Universität eigentlich Inhaberin aller Rechte. Sie war jedoch an einer patentrechtlichen Verwertung meiner Forschungsergebnisse nicht interessiert. So erhielt ich binnen eines Tages die schriftliche Freigabe des geplanten Patents. Dies ist heutzutage leider nicht mehr möglich. Fachlich betreut wurde ich da allerdings schon durch einen Patentanwalt, den ich im Rahmen einer der Jours fixes kennengelernt hatte und der mich heute noch in diesen Dingen berät. Ihm und seiner Erfahrung war es zu verdanken, dass aus mehreren Mosaiksteinen dann ein Gesamtwerk in Form eines Patentantrags geschaffen und beim Deutschen Patent- und Markenamt eingereicht wurde. Dieser Schritt war übrigens auch auf der Finanzierungsseite wichtig. Denn ein beachtlicher Teil der Mittelfreischaltung war an den Zeitpunkt der Patenterteilung gebunden.

Haben Sie aufgrund Ihrer Erfahrungen zum Abschluss einen wichtigen Tipp für unsere Leser?
Ja, gerne: Es handelt sich um den Umgang mit Kritik. Bei dem Businessplan-Wettbewerb gab es auf jeder Stufe die Juroren. Ich hatte den Eindruck, dass es jeweils eine Aufteilung gab, bei der einem der Eindruck vermittelt wurde, dass es einen *Good Guy* und einen *Bad Guy* gab. Ich habe mich stets an den Letzteren gewandt und bin offen mit seiner Kritik umgegangen. Dabei habe ich dann gefragt: »Kritik angekommen – wie mache ich es besser?«

Kritische Leute sind bis heute für mich ein gutes Risiko-Analysesystem geblieben. Die Diskussion mit kritischen Menschen ist wesentlicher Bestandteil meiner strategischen Planungen und war sicherlich auch ein Garant des Erfolges von SFC.

5.6   Dr. Jens Müller, COO von Smart Fuel Cell (SFC)

Wie kamen Sie zu SFC?

Ich kam einige Monate nach der Gründung des Unternehmens zu SFC. Das war im Frühjahr des Jahres 2001, die Gründung war im Februar 2000 als GmbH erfolgt. Meine Kontakte entstanden über die TU München: Der Doktorvater von SFC-Gründer Dr. Manfred Stefener war Gutachter für eine meiner Publikationen. Dieser Professor machte Dr. Stefener auf mein damaliges Thema aufmerksam, weil er wusste, dass Dr. Stefener selbst in diesem Gebiet – neben seinen akademischen Tätigkeiten – mit der Gründung eines Unternehmens beschäftigt war. Daraufhin sprach mich Dr. Stefener direkt an, ob ich mir vorstellen könnte, bei der Gründung der Firma mitzuhelfen.

Wo sehen Sie die Chancen und Risiken von Start-ups aus Ihrer damaligen (Bewerber-) Sicht?

Zu dieser Zeit war ich bei der DaimlerChrysler Group in der Forschung beschäftigt. Durch die Ansprache von Herrn Dr. Stefener empfand ich ein Prickeln, weil ich im Gegensatz zu meinem bisherigen Tätigkeitsfeld die spontane Möglichkeit sah, die Technologie, an der ich arbeitete, in einem wesentlich flexibleren Spektrum umsetzen zu können und an den innovativen Prozessen direkter beteiligt zu sein.

Sehr wohl war mir dabei aber auch bewusst, dass mein individuelles Risiko bei einem Umstieg in ein Start-up steigen würde. Neu gegründete Unternehmen müssen nach der Entwicklung einer geschäftsfähigen Idee zuerst durch ein »Tal des Todes«, bei dem nur das beste Unternehmen überlebt. Die größte Herausforderung speziell auf dem deutschsprachigen Technologiemarkt ist es, in einem Wettlauf gegen die Zeit an das notwendige Venture-Capital heranzukommen. Hinzu kommen oft fehlende Erfahrungen in der Industrie bei tendenziell

noch sehr jungen Akademikern aus der IP-Landschaft und die gesell-
schaftlich zu wenig ausgeprägte Toleranz gegenüber Gescheiterten,
die ein Geschäft wieder aufgeben oder in die Insolvenz gehen müssen.

Erzählen Sie uns bitte von der Gründungsphase Ihrer Firma.
Die erfolgreiche Teilnahme an einer Vielzahl von Wettbewerben hat
unser Unternehmen sicherlich stark geprägt. Da war anfangs der
Münchener Business Plan Wettbewerb, den Dr. Stefener im Jahr 1999
gewann. Der absolute Vorteil an solchen Wettbewerben ist es, dass
hier Netzwerke entstehen – unabhängig vom tatsächlichen Erfolg der
Teilnehmer.

Für SFC war der Sieg dahingehend wichtig, als dass sich in der
direkten Folge eine entscheidende Kapitalisierung des Unternehmens
ergab. Wir konnten Venture-Capital, stille Beteiligungen für die operative Umsetzung unseres Unternehmens gewinnen. Als reines Venture-Capital gelang es uns in der Folge, namhafte Unternehmen wie
3i Group Investments LP und PRICAP Venture Partners AG ins Boot
zu holen. Darüber hinaus konnten wir öffentliche Mittel für die notwendige Forschung generieren, sodass wir einerseits weiter entwickeln
konnten und andererseits das operative Geschäftsfeld offensiv implementieren konnten.

Die Teilnahme am Start-up-Wettbewerb von Sparkassen, der Un-
ternehmensgruppe McKinsey und der Wochenzeitung *Stern* führte zu
einem weiteren Meilenstein unserer unternehmerischen Entwicklung.
In unserer Klasse wurden wir 2003 bundesweit sogar Dritte. In der
Folge kam es zur strategischen Partnerschaft mit DuPont, einem der
ganz Großen der Branche.

Welches Know-how war ausschlaggebend für die Gründungsidee?
Die Idee, die SFC erfolgreich machte, war streng genommen nicht neu.
Es ging und geht in unserem Angebotsportfolio um Brennstoffzellen.

Autobauer wie DaimlerChrysler, bei dem ich ja seinerzeit beschäftigt war, investierten in den 1990ern große Summen in diese Technologie, da sie hier Alternativen zu herkömmlichen Kraftstoffen sahen. Dr. Stefener verfolgte hingegen von Anbeginn den Einsatz der Brennstoffzellen in anderen Systemen wie elektronischen Geräten, Laptops und Kameras. Also eher dort, wo man wenig Energie in Form von beispielsweise Akkus braucht. Stefener studierte, als der Entschluss gefasst war, sich in diesem Marktsegment etablieren zu wollen, die Datenbanken und Patentarchive und wunderte sich, dass er offensichtlich der Erste war, der die vorhandene Technik in den von ihm avisierten Markt bringen wollte.

Unser Unternehmen entwickelt, produziert und vermarktet seit seiner Gründung Brennstoffzellensysteme auf Methanolbasis. Dabei wird Elektrizität auf elektrochemischem Weg erzeugt, dies ist zugleich umweltfreundlich und nahezu geräuschlos. Wir waren nach unserem Kenntnisstand der erste kommerzielle Anbieter in diesem Marktsegment weltweit und sind seither Marktführer in der kommerziellen Herstellung solcher Brennstoffzellensysteme. Mittlerweile haben unsere Systeme vielfältige Anwendungen im Freizeitbereich, in der Industrie, der Verteidigung sowie in anderen Anwendungsbereichen. Im Vordergrund steht immer die Stromversorgung über ein stationäres Stromnetz oder andere netzunabhängige Stromquellen, die deshalb erforderlich sind, weil die Anbindung ans Stromnetz technisch oder wirtschaftlich nicht oder nur eingeschränkt möglich ist.

Bei dem ersten, auf der Wasserstoff-Expo in Hamburg 2001 vorgestellten Prototyp handelte es sich in der Gründungsphase um ein echtes Pionierprodukt. Zur Absicherung dieser Idee im heute noch aktuellen Marktsegment wurde bereits 1999 das erste Patent am Deutschen Patent- und Markenamt eingereicht.

Wie ging Ihr Unternehmen damals konkret an die Realisierung der Idee?

Drei parallel laufende Prozesse galt es zu bewältigen: die laufende Weiterentwicklung, die Produktion und den Verkauf unserer Produkte.

Um dabei synergetisch, effektiv und effizient vorzugehen, ist eine gute Strategie gefordert. Daher erstellten wir unseren Businessplan mit Unterstützung erfahrener Coachs, die uns auch heute noch begleiten. Teil dieser Strategie war es, unsere Geschäftsidee in Wettbewerben einer immer wieder neuen Konkurrenzsituation auszusetzen, die als Synergie reflektierendes Handeln ermöglicht und zudem Netzwerke schafft. Die Anzahl sehr erfolgreicher Teilnahmen an solchen Wettbewerben und die Art der Kapitalisierung unseres Unternehmens sind gute Indikatoren dafür, dass wir auf dem richtigen Weg waren und sind.

Aufgrund unserer für die Unternehmensgröße zahlreichen Patente und Patenteinreichungen haben wir sicherlich den Status, Pionierprodukte in unserem Marktsegment zu entwickeln und zu etablieren. Hierfür sind zwei Dinge notwendig: Zum einen eine verhältnismäßig große Forschungsabteilung, in der es den Mitarbeitern auch einmal ohne negative Konsequenzen möglich sein muss, Fehlentwicklungen zu produzieren. Unsere Produktentwickler haben große Handlungsfreiräume. Um dies zu ermöglichen und Erfindungen über Patente abzusichern, ist ein zweiter Aspekt wichtig: Kapital. Ökonomisch ging es darum, Finanzquellen zu generieren, die unsere intensive Forschungsarbeit ermöglichten. Dabei gelang es bislang stets, das entsprechende Venture-Capital, stille Beteiligungen und öffentliche Mittel für Forschungsarbeit zu generieren, um die kostenintensive Forschung zu ermöglichen.

Der dritte Punkt ist die Positionierung am Markt, was besonders bei Pionierprodukten problematisch sein kann. Hier gelang es uns, SFC im Freizeitsegment an ein für uns optimales Distributionsnetz anzukoppeln.

Welche individuelle IP-Strategie lag und liegt vor?

Die derzeit aus 24 Experten bestehende Forschungs- und Entwicklungsabteilung von SFC stellt mit ihrem Know-how die Basis der Gesellschaft. Die AG hat im Zusammenhang mit ihren Produkten 21 Patentfamilien mit 59 Schutzrechten angemeldet, von denen aktuell 10 erteilt sind. Unsere Erfahrung ist, dass Investoren sehr auf Patente achten. Diese sind eine wertvolle Waffe, die wir beim Produktschutz sowohl defensiv als auch offensiv nutzen können.

In den vergangenen zehn Jahren haben wir circa eine Million Euro in das Patentwesen investiert, was wir als gute Anlage interpretieren, weil diese Aktivitäten beispielsweise in gut verkaufte Lizenzen münden können. Mittelfristig erwarten wir daher, mit den Schutzrechten weitere Einnahmequellen durch Lizenzeinnahmen zu erschließen.

Die Kombination unseres Technologievorsprungs mit dem bestehenden Patentschutz und dem bestehenden Lieferanten- und Kundenstamm bietet einen effektiven Wettbewerbsschutz.

Wie hat sich das Unternehmen nach der Start-up-Phase weiterentwickelt?

Mittlerweile sind unsere Brennstoffzellensysteme in drei Bereichen etabliert: Im Freizeitbereich stellen wir Systeme vor allem für Reisemobile und Freizeitboote. Die im Jahr 2005 begonnene Kooperation mit dem Marktführer im Bereich Reisemobile hat hier maßgeblich zum Erfolg beigetragen. Insgesamt macht der Freizeitbereich knapp 50 Prozent des jährlichen Firmenumsatzes aus. An zweiter Stelle rangieren die sogenannten Joint-Development-Agreements. Hierbei handelt es sich um bezahlte Entwicklungsaufträge, die nicht zur eigenständigen Produktreife gelangen wie zum Beispiel Prototypen oder Kleinserien mit anderen Partnern. Dieser Geschäftsbereich macht immerhin ein Viertel des jährlichen Umsatzes aus. An dritter Stelle steht mittlerweile das Marktsegment Verteidigung mit circa 15 Prozent. Hier geht es um individuell portable Brennstoffzellensysteme, die im Auftrag der deutschen Bundeswehr und der US-Army entwickelt und produziert werden. Einen weiteren Beitrag stellt das Marktsegment »netzunabhängige Industrieanwendungen« mit 10 Prozent. Hierbei handelt es sich um Stromquellen für stationäre Einrichtungen wie zum Beispiel Sicherheits- oder Messtechnik, Videoüberwachung oder Wetterstationen.

Zusammengefasst kann man sagen, dass wir aufgrund unserer erfolgreichen Produktpolitik im Laufe von zehn Jahren eine breite Palette von Produkten entwickelt und etabliert haben, die allesamt auf dem Prototyp basieren, der 2001 auf der Wasserstoff-Expo präsentiert wurde.

Wie haben Sie Ihre Produkte vermarktet?

Wie bereits angesprochen, hatten wir einerseits für die notwendige Entwicklungsarbeit Geld über Venture-Capital, öffentliche Mittel und Beteiligungen. Da fast drei Viertel unseres Umsatzes mit dem Verkauf der Endprodukte erwirtschaftet werden, ist es wichtig, auf unsere Vertriebsstrukturen hinzuweisen. Wir arbeiteten hier von Anbeginn mit bereits etablierten Vertriebsstrukturen, was vor allem für den Freizeitmarkt galt.

Kontakte kamen über persönliche Netzwerke von vertrauten Beratern zustande. So gelang es unserem Vertriebsleiter, Direktkontakt zu namhaften Großhändlern und Kooperationspartnern aufzubauen. In der Konsequenz brauchten wir dann nicht ein großes und zugleich kostenintensives eigenes Vertriebsnetz aufzubauen.

Geben Sie uns bitte eine abschließende Empfehlung für alle, die zukünftig ihre IP gewerblich nutzen wollen?

Auf einen Nenner gebracht: Die richtige Mischung macht's. Das betrifft – um zwei Beispiele zu nennen – sowohl das generationenübergreifende Zusammenarbeiten im Team als auch die Zuhilfenahme von externem Support. Für uns war es diesbezüglich von entscheidender Wichtigkeit, eine etablierte Patentanwaltskanzlei zu finden, die optimal zu uns passt und unser Anliegen versteht, um uns erfolgreich vertreten zu können.

Gerade was unsere strategischen Überlegungen betrifft, hat sich als sehr hilfreich erwiesen, mit alten Hasen zu kooperieren, die über ausgedehnte Netzwerke und ein entsprechendes Know-how verfügen.

Ein weiterer wesentlicher Aspekt: Die Regulierungsdichte in Deutschland ist vergleichsweise hoch. Aber: In den doch mittlerweile einigen Jahren in der SFC AG habe ich gerade in Ämtern und Behörden eine ausgesprochen hohe Anzahl an Förderern, begeisterungsfähigen Menschen und in der Folge helfenden Händen erlebt, die uns wirklich mit Rat und Tat unterstützt haben.

5.7   Jürgen Zapf und Tobias Hartung, Ernst & Young

Ernst & Young ist ein Unternehmen mit langer Tradition: Die Wurzeln der Ursprungsgesellschaft liegen in der Mitte des 19. Jahrhunderts, und im Laufe der Jahre hat sich über verschiedene Zusammenschlüsse eine weltumspannende Prüfungs- und Beratungsorganisation gebildet. Was macht man in Ihrem Unternehmen genau?
Unser Dienstleistungsangebot umfasst natürlich das historisch gewachsene Kerngeschäft der Wirtschaftsprüfung und der Steuerberatung. Ergänzt wird unser Angebotsportfolio durch die Bereiche »Advisory Services« (IT-, Risiko- und Managementberatung), die »Transaction Advisory Services« (Transaktionsberatung) und »Real-Estate-Beratung«.

In der Transaktionsberatung sind wir seit Ende der 1990er-Jahre verstärkt auf dem Markt präsent.

Gerade in wirtschaftlich schwierigen Zeiten ist Venture-Capital ein wichtiger Hoffnungsträger für Existenzgründer. Würden Sie den Lesern Ihren Bezug zur Existenzgründerszene darstellen?
Sie haben einen für uns eminent wichtigen Punkt erwähnt: Venture-Capital. Dadurch, dass wir eines der führenden Häuser im Bereich der Transaktionsberatung und Wirtschaftsprüfung sind, liegt es doch nahe, Verbindungen zwischen denjenigen zu knüpfen, die investitionswillig sind, und denjenigen, die zukunftsweisende, innovative Produkte haben.

Um unser Engagement deutlich und sichtbar zu machen, veranstaltet Ernst & Young in Deutschland, aber auch weltweit, zum Beispiel jährlich den Unternehmerwettbewerb »Entrepreneur des Jahres«. Eine wichtige Wettbewerbskategorie ist die Kategoire »Start-up«, mit der wir jungen und schnell wachsenden Unternehmen ein Forum bieten. Sie sehen allein daran, dass uns die Förderung und nachhaltige Begleitung innovativer Jungunternehmen sehr wichtig sind.

Wann brauche ich als Gründer Venture-Capital?
Viele gute Ideen werden ja bereits durch Anschubfinanzierungen mit öffentlichen Mitteln aus Hightech- und Seed-Fonds, beziehungsweise über Business-Angels gefördert. Es gibt jedoch auch eine Vielzahl von Produktinnovationen, die eines langjährigen Entwicklungszeitrahmens mit einem entsprechend hohen Kapitaleinsatz bedürfen.

Venture-Capital ist – wie der Name schon sagt – unbesichertes, risikotragendes Kapital. Nehmen Sie da als Beispiel die Lifescience-Sparte, in der durch besondere Zulassungsvoraussetzungen lange Produktentwicklungszeiten eingeplant werden müssen. So benötigen Medikamente bis zur Zulassung auf dem amerikanischen Markt mit den FDA-Zulassungskriterien oft 15 Jahre. Finanziell geht es bei derlei Projekten sehr häufig um einen Kapitalbedarf im mittleren bis oberen zweistelligen Millionenbereich! Hier benötigen junge Teams gerade zu

Beginn Unterstützung, um etwaige Finanzierungslücken zu schließen. Hier können wir mit unserem internationalem Netzwerk und unseren Kontakten in die Venture-Capital-Branche oft hilfreich vermittelnd tätig werden.

Könnten wir also morgen an Sie herantreten, wenn wir eine technische Innovation haben?

Generell wäre dies möglich. Deutlich höhere Chancen, um an Venture-Capital zu kommen, hätten Sie allerdings, wenn Sie mit einer durchdachten Produktidee und abgeschlossenen Produktentwicklung auftreten können, ein erfahrenes Management und Kernteam an Bord haben und gegebenenfalls bereits erste Erlöse und Kunden vorweisen können. Das sind wichtige Indikatoren, die bei der Einschätzung eines jungen Unternehmens wichtig sind. Erwähnenswert ist sicherlich, dass Produkte beziehungsweise Technologien einen speziellen USP (Unique Selling Proposition) haben müssen, die dem Investor im Idealfall ein Alleinstellungsmerkmal für gewisse Zeit sichert. Dies ermöglicht dann eine höhere Wertschöpfung und macht somit attraktiv für potenzielle Investoren. Ein weiterer Punkt wäre die Präsentation eines plausiblen und durchgängigen Konzepts im Rahmen eines Businessplans. Daran können wir erkennen, wie und in welchen zeitlichen Dimensionen Sie planen.

Sie sollten also nicht unvorbereitet an uns oder einen Investor herantreten. Tiefer gehende Diskussionen und die Ansprache eines Investors erfordern eine entsprechende Dokumentation (Businessplan, Annahmen, Marktpotenzial, Produktmerkmale und Positionierung, Zusammenfassung der wesentlichen Punkte in einem Executive Summary), sodass wir uns möglichst zügig ein grobes Bild von der Idee und den Marktchancen machen können.

Oftmals wissen ökonomisch Unbedarfte kaum, dass es Ihre Hilfestellung gibt. Gehen Sie auch proaktiv auf Forscher und Entwickler zu?

Wir verfügen mit der Ernst & Young Corporate Finance über ein eigenes Tochterunternehmen, das im Bereich Mergers & Acquisitions Advisory, kurz M&A, tätig ist. So sind wir auf vielen Gründer- und Fachmessen vertreten und ansprechbar. Auch als Partner der Transaktionsberatung verfügen wir über zahlreiche Kontakte und Netzwerke, die wir gerne ansprechen, wenn wir mit guten Ideen und Businessplänen konfrontiert werden. Wir sind ja hier am Standort München beispielsweise Sponsoring-Partner des Münchener Business Plan Wettbewerbs sowie des munichnetworks[47] und signalisieren so Gründungswilligen und Jungunternehmern, dass wir als Gesprächspartner vor Ort sind.

Wo liegen die Hauptunterschiede zu Bankenfinanzierungen?

Wie bereits erwähnt, handelt es sich bei den uns bekannten Fonds oder persönlichen Kapitalgebern in erster Linie um Risiko- oder Wagniskapital. Um diesen Begriff mit Zahlen zu hinterlegen: In nur fünf bis zehn Prozent der Fälle, in denen tatsächlich Venture-Capital fließt, rechnen die Investoren mit einem Investment, das sich unter ökonomischen Aspekten lohnt. Bei deren sorgfältiger Vorauswahl, bei der die Zugangshürden natürlich hoch angelegt sind, reicht dieser vergleichsweise geringe Prozentsatz jedoch aus, um eine für alle beteiligten Seiten lohnenswerte Beziehung zu entwickeln.

Ein weiterer Unterschied liegt darin, dass diese Investoren keine Darlehen vermitteln, wie es im klassischen Bankgeschäft der Fall ist. Ihr Eigenkapitalinvestment verbinden diese Investoren in Abgrenzung zu Business-Angels jedoch üblicherweise nicht mit umfangreichen Tätigkeiten im operativen Management. Die Einflussnahme von Ven-

47   http://www.munichnetwork.com

ture-Capital-Unternehmen erfolgt in der Regel als »Sparringspartner«, Beirat oder Aufsichtsrat.

Da tritt dann wohl der Vertrauensbegriff ins Zentrum der Beziehung?
Im Finanzsegment läuft nahezu alles über diesen Begriff. Das trifft ganz besonders auf Entrepreneure zu, die an der Umsetzung ihrer Idee in einem frühen Stadium arbeiten. Da sind zum einen die Personen: Die Lebensläufe der Mitglieder des Gründerteams geben bereits wichtige Auskünfte, wobei eine langjährige Branchenerfahrung aus Sicht des Venture-Capital-Gebers ein entscheidendes Kriterium ist. Denn mit Branchenerfahrung werden Kontakte zu potenziellen Kunden, strategischen und operativen Partnern sowie Marketing- und Vertriebsstrukturen assoziiert. Vertrauensbildend ist bezüglich der Teams auch, wenn einer oder mehrere der Gründer bereits Erfahrungen aus anderen erfolgreichen Start-ups mitbringen. Gerade in Branchen mit langer Entwicklungszeit sind die Absicherung der Idee und der damit verbundene Status von herausragender Wichtigkeit.

Der zu erwartende Wettbewerbsvorsprung ist zugleich das Alleinstellungsmerkmal – und das muss aus Sicht der Investoren möglichst lange zu optimalen Erträgen führen. In der Phase, in der sich die Entrepreneure befinden, wenn sie mit uns in Kontakt treten, sollten so weit relevant auch bereits patentstrategische Überlegungen erkennbar sein, die aus einem Patent eine Gruppe wachsen lassen können, um Zukunftsmärkte optimal zu besetzen.

Entwickeln Sie bitte Ihr persönliches Zukunftsszenario im Marktsegment der Entrepreneure.
Die jüngste Wirtschaftskrise hat gezeigt, wie wichtig es ist, Unternehmern Kapital zur Verfügung zu stellen. Die Innovationsstandorte Deutschland und Europa haben bei den Entrepreneuren und den kleinen und mittleren Unternehmen ihren Ursprung. Selbstverständlich

hoffen wir, durch unsere nachhaltige Unternehmenspolitik hierbei weiterhin unseren Beitrag leisten zu können.

Was die Gründerszene betrifft, bleibt der Appell, sich frühzeitig – aber nicht zu früh und wenn, dann gut vorbereitet – dem Thema Venture-Capital zuzuwenden. Ein durchdachter, durchgängiger und plausibler Businessplan und dessen Erläuterung sind neben der guten Idee die entscheidende Grundlage für den Erfolg des »Abenteuers Innovation«.

Glossar

Leider ist es in Fachkreisen unumgänglich, gewisse Anglizismen zu verwenden – dies dient der besseren Verständlichkeit. Ohne Anspruch auf Vollständigkeit erheben zu wollen, stellen wir für Sie die notwendigsten Begriffe in stark verkürzter Übersetzung zusammen.

Added Value: Wertzuwachs durch Beteiligung und Know-how.

Amber-Light: Offenes Risikopotenzial in potenziellen Beteiligungsunternehmen.

Asset-Sales-Deal: spezielle Übernahmeaktion.

Asset-Stripping: Zerschlagung eines übernommenen Unternehmens.

Benchmark: Herausragendes Produkt beziehungsweise Marktführer.

Break-even-Point: Zeitpunkt des Wechsels in die Gewinnzone.

Bridge-Financing: Überbrückungsfinanzierung.

Burn-out-Turnaround: Neustart nach Restrukturierung.

Burn-Rate: Zeitraum, in dem ein zur Verfügung gestelltes Kapital verbraucht sein wird.

Business-Angel (BA): Person, die Eigenkapital gibt.

Case-Scenarios: optimistische und pessimistische Szenarien.

Co-Venturing: führende und nachfolgende Beteiligungsgeber.

Dealflow: Investmentmöglichkeiten.

Development-Capital: Kapital zur Entwicklung von Unternehmen.

Due Diligence: genaue Analyse aller Unternehmensdaten durch Eigenkapitalgeber.

Early-Stage-Phase: dritte unternehmerische Wachstumsphase.

Exit: Deinvestition von Kapitalgebern.

Expansion-Financing: Wachstumsfinanzierung.

Fundraising: professionelles Einwerben von Geldern für die Erstellung von Fonds.

Hands-off: Unternehmensbeteiligung ohne Eingriff ins Management seitens der Kapitalgeber.

Hands-on: das Gegenteil von Hands-off. Beteiligung seitens der Kapitalgeber am Unternehmensmanagement.

High Flyer: Unternehmen mit extremem Wertanstieg.

Hurdle-Rate: Basisvergütung vor Einsetzen der Gewinnbeteiligung.

Later-Stage-Phase: vierte Phase des Unternehmenswachstums.

Lead-Investor: Leitinvestor eines mindestens aus zwei Kapitalgebern bestehenden Syndikats.

Mezzanine-Capital: Geld, welches zur Deckung einer Finanzierungslücke benötigt wird.

Private Equity: Beteiligungskapital, üblich erst ab der Later Stage.

Ratchet: Bonus-/Malusvereinbarung zwischen Verkäufer und Käufer.

Registered Trademark: registrierte Waren- oder Dienstleistungsmarke.

Return on Investment (ROI): Gewinn aus Ausschüttungen und der Veräußerung von Beteiligungen.

Seed: Saatgut, hier Vor- und junge erste Unternehmensphase.

Spin-off: Ausgliederung, Verselbstständigung.

Start-up: junges, neu gegründetes Unternehmen, in der Regel bis drei Jahre nach der Gründung.

Unregistered Trademark: unregistrierte Warenmarke.

Venture-Capital: Risiko- beziehungsweise Wagniskapital.

Literatur

Achleitner, A.-K./Bassen, A./Pietzsch, L. (2001): *Kapitalmarktkommunikation von Wachstumsunternehmen. Kriterien zu einer effizienten Ansprache von Finanzanalysten.* Stuttgart.

Achleitner, A.-K./Everling, O. (Hg.) (2004): *Existenzgründerrating. Rating junger Unternehmen.* München.

Arndt, W. (2009): *Der optimale Businessplan. Handbuch des Münchener Business Plan Wettbewerbs.* München.

Bendl, E./Weber, G. (2004): *Patentrecherche und Internet.* Köln, 2. Auflage.

Benzel, W./Wolz, E. (2006): *Businessplan für Existenzgründer. Geschäftspläne erstellen und erfolgreich umsetzen.* Regensburg, 2. aktualisierte Auflage.

Bonnemeier, S. (2008): *Praxisratgeber Existenzgründung. Erfolgreich starten und auf Kurs bleiben.* München.

Cohausz, H. B. (1993): *Patente & Muster. Patente – Gebrauchsmuster – Geschmacksmuster.* München.

Dowling, M./Drumm, H. J. (2003): *Gründungsmanagement. Vom erfolgreichen Unternehmensstart zu dauerhaftem Wachstum.* Berlin/Heidelberg, 2. Auflage.

Faltin, G. (2009): *Kopf schlägt Kapital. Die ganz andere Art, ein Unternehmen zu gründen.* München.

Gassmann, O./Bader, M. (2006): *Patentmanagement. Innovationen erfolgreich nutzen und schützen.* Berlin.

Hinterhuber, H./Krauthammer, E. (1999): *Leadership. Mehr als Management.* München, 2. Auflage.

Limbeck, Friedhelm (2003): *Lei(d)tfaden der Patentvermarktung.* Deutsches Bundesministerium für Bildung und Forschung, 4. Aktualisierte Auflage.

Loibner, Klaus (2009): *Gewerbliche Schutzrechte im Überblick. Patentrecherche – Tipps und Tricks.* Wien, publiziert unter: www.patentamt.at.

Schefczyk, M. (2004): *Erfolgsstrategien deutscher Venture Capital-Gesellschaften. Analyse der Investitionsaktivitäten und des Beteiligungsmanagements von Venture Capital-Gesellschaften.* Stuttgart, 3. überarbeitete und erweiterte Auflage.

Danksagung

Dem Europäischen Patentamt verdanken wir, dass es zur Realisierung dieses Ratgebers kam. Hierbei sind besonders zu nennen: Herr Vizepräsident Hammer, die Hauptdirektoren McGinley, Stamatopoulos und Dr. Förster, der Direktorin Dr. Fotaki. Unser ganz besonderer Dank gilt Herrn Dr. Philpott, unserem zuständigen Kooperationspartner von der Europäischen Patentakademie.

Der Präsident des Verwaltungsrats der Europäischen Patentübereinkunft, Herr Kongstad gab uns viele dienliche und uns motivierende Anregungen.

Für konstruktive Kritik bei der Abfassung des Manuskripts danken wir Dr. Burkhardt sowie Dr. Schwab und Herrn Appelt von der Anwaltskanzlei Boehmert & Boehmert und Dr. Twardowska vom Max-Planck-Institut für Geistiges Eigentum, Wettbewerbs- und Steuerrecht, Dr. Christl von der Handwerkskammer für München und Oberbayern und unseren Lektoren, den Herren Schulte und Schickerling.

Autoren

Dr. Manfred Cassens ist einer von zwei Geschäftsführern der Refugium-Reith GmbH in Reith bei Seefeld in Tirol. Das im Aufbau befindliche Unternehmen ist im Gesundheitstourismus lokalisiert. Darüber hinaus hat er einen Lehrauftrag für Gesundheitswissenschaften an der Universität der Bundeswehr in München. Bereits 2003 wurde er in der *Süddeutschen Zeitung* als »Therapeut des Erfolges« bezeichnet und widmete sich schon damals in Theorie und Praxis dem Thema Work-Life-Balance. Aus Passion hat er Unternehmen bei deren Weg zur erfolgreichen Existenzgründung begleitet.

Dr. Wolfram Meyer ist seit 1998 Prüfer am Europäischen Patentamt im Bereich Biotechnologie. In den Jahren 2005 bis 2007 war er leitend für die Follow-up-Studie von Existenzgründern mit Patenthintergrund zuständig. So konnte mithilfe dieser Studie nachgewiesen werden, dass ein Patent alleine bei Weitem nicht ausreicht, um aus einer Idee auch ein Abenteuer Innovation zu entwickeln. Bei zahlreichen Veranstaltungen ist er gefragter Referent zum Thema Schutz und Verwertung technischer Innovationen.